煤炭企业成本管理与控制

郑永泉　江　泳　编著

黄 河 水 利 出 版 社
·郑州·

内容提要

本书从企业成本管理的基本理论入手,针对煤炭企业的生产特点,就煤炭企业的成本构成、核算、报告和分析等内容进行了论述;按照煤炭成本进行全过程管理和控制的要求,系统地介绍和阐述了煤炭企业成本预测、成本决策、成本控制和成本考核的相关内容;并从计量、核算及控制等方面对目前煤炭企业实际工作中涉及较少的人力资源成本、煤炭质量成本、煤炭安全成本和煤炭环境成本等进行了较为详细的阐述。

本书可供煤炭企业的管理人员、成本会计人员、工程技术人员阅读参考。

图书在版编目(CIP)数据

煤炭企业成本管理与控制/郑永泉,江泳编著.
郑州:黄河水利出版社,2011.10
ISBN 978-7-5509-0128-5

Ⅰ.①煤… Ⅱ.①郑… ②江… Ⅲ.①煤炭企业-工业企业管理:成本管理 Ⅳ.①F407.216.72

中国版本图书馆 CIP 数据核字(2011)第 205391 号

出 版 社:黄河水利出版社
地址:河南省郑州市顺河路黄委会综合楼 14 层 邮政编码:450003
发行单位:黄河水利出版社
发行部电话:0371-66026940、66020550、66028024、66022620(传真)
E-mail:hhslcbs@126.com
承印单位:黄河水利委员会印刷厂
开本:787 mm×1 092 mm 1/16
印张:10.5
字数:243 千字 印数:1—1 000
版次:2011 年 10 月第 1 版 印次:2011 年 10 月第 1 次印刷

定价:35.00 元

前　言

在社会主义市场经济体制下，在当今开放的全球一体化的信息经济时代，企业综合运用成本、质量、服务和高新技术参与市场全方位的竞争，其中成本在企业竞争中占有至关重要的地位。优胜劣汰是市场竞争的基本法则，企业要生存、求发展就必须强化成本管理职能，采取各种有效措施控制和降低产品成本，才能以优质的产品和服务，在竞争中立于不败之地。

近年来，随着国家建立煤炭产业基地的政策导向驱动，煤炭企业资源整合力度不断扩大，煤炭市场竞争加剧，煤炭价格逐步回归理性，煤炭企业成本优势必将成为增强企业核心竞争力和转变经济增长方式的重要筹码，这也使得成本管理与控制成为煤炭企业经营管理的重点。作为企业管理的一个分支，成本管理是为了最大化和高效率利用组织资源而进行的管理行为，企业要保持竞争优势，必须努力控制和降低成本，使成本保持在一个合理的水平。企业只有将成本降低至行业平均水平以下，才能够更好地生存和发展。

降低煤炭成本，实现煤炭企业成本的有效控制，是本书研究的主要问题。本书第 1 章对涉及成本管理理论的基本问题展开了讨论，强调对成本的经济内涵、成本管理理论和成本管理系统的全面把握；第 2 章讨论了煤炭企业成本构成、特点、成本核算、报告、分析等内容；第 3 章讲述了煤炭企业成本预测的方法；第 4 章讲述了煤炭企业成本决策的方法；第 5 章探讨了煤炭企业成本控制的意义、内容、原则、基本程序等；第 6 章探讨了煤炭企业采购成本控制的方法；第 7 章讨论了煤炭企业生产成本控制的基本程序、内容和方法；第 8 章讨论了人力资源成本的构成、计量、核算、管理以及控制方法；第 9 章讨论了煤炭质量成本的构成、核算以及控制方法；第 10 章讨论了煤炭企业安全成本和环境成本的控制方法；第 11 章讨论了煤炭企业成本考核的意义、制度、原则、步骤和方法。

作者希望本书能够为致力于煤炭企业成本控制的企业管理层提供一些决策参考，也能够为成本会计人员、基层管理人员、工程技术人员和广大员工参与全员成本管理提供切实的帮助，从而使煤炭企业获得更大的成本优势，进一步提升企业的核心竞争力。

本书稿编写分工为：郑永泉编写第 1 章 ~ 第 5 章，江泳编写第 6 章 ~ 第 11 章。

由于作者水平所限，书中错误和疏漏在所难免，热忱欢迎读者批评指正。

作　者

2011 年 7 月

目　录

第 1 章　成本管理基本理论

1.1　成本的经济内涵

1.1.1　成本及煤炭企业成本的实质

成本是商品经济的价值范畴，是商品经济发展到一定阶段的产物。它是企业为生产商品和提供劳务所耗费的物化劳动和活劳动中必要劳动的货币表现。人们要进行生产经营活动或要达到一定目的，就必须耗费一定的资源，产品的生产过程同时也是劳动的耗费过程。煤炭企业要生产产品，就要发生各种各样的生产耗费，这些生产耗费包括生产资料中的劳动手段和劳动对象的耗费，以及劳动力等方面的耗费。煤炭企业在一定时期内发生的、用货币表现的生产耗费，称为煤炭企业的生产费用。煤炭企业为生产一定种类和一定数量的产品所支出的各种生产费用的总和，就是煤炭企业的成本。

马克思在对资本主义经济条件下的商品生产进行分析时指出：按照资本主义方式生产的每一个商品 W 的价值，用公式来表示是 $W=C+V+M$。如果从这个产品价值中减去剩余价值 M，那么，在商品中剩下的只是一个在生产要素上耗费去的资本价值 $C+V$ 的等价物或补偿价值。商品价值的这个部分，即补偿所消耗的生产资料价格和所使用的劳动力价格的部分，只是补偿商品使资本家本身耗费的东西，所以对资本家来说，这就是商品的成本价格。[1] 马克思在这里称为商品"成本价格"的那部分商品价值，指的就是商品成本。

在社会主义市场经济中，根据马克思关于商品经济理论，社会主义产品的价值（W）仍然由三个部分组成：①生产过程中耗费的生产资料（包括劳动资料和劳动对象）即物化劳动价值的转移（C）；②劳动者活劳动消耗所创造的价值中归个人支配，主要以工资形式支付给劳动者的劳动报酬的部分（V）；③劳动者活劳动消耗所创造的价值中归社会支配，主要以税金和利润形式进行分配的部分（M）。从理论上讲，上述的前两部分，即 $C+V$，是商品价值中的补偿部分，它构成商品的成本，这种成本，我们称为"理论成本"。

综上所述，煤炭企业成本的经济实质可以概括为：煤炭企业在生产经营过程中所耗费的生产资料转移的价值和劳动者为自己劳动所创造的价值的货币表现，也就是企业在生产经营过程中所耗费的资金的总和。

成本的经济实质决定了成本在企业经济管理工作中具有十分重要的作用，这些作用包括：成本是补偿生产耗费的尺度；成本是制定产品价格的基础；成本是进行经营决策的依据；成本是考核企业经营成果、评价企业经营管理水平的重要手段。

---

[1]《马克思恩格斯全集》第 25 卷，第 30 页。

1.1.2 成本的经济内涵

成本理论与实务研究,是以企业生产经营活动为基础的,企业的生产经营活动以资金的筹集和投入为起点,以资金的使用和耗费为过程,以资金的收回与分配为终点,从而完成一个生产经营周期的资金循环。成本研究的基本思路是通过对资金运动过程中资金耗费与价值补偿规律的认识,归纳总结企业成本的理论概念与经济内涵。

1.1.2.1 生产过程中的资金耗费与价值补偿规律

企业的生产经营活动,是生产过程与流通过程的统一体。企业的资金运动过程反映了生产经营活动中资金耗费与价值补偿的矛盾对立和相互转化的辩证统一关系。从企业再生产过程看,用于生产经营周转的资金随着生产经营活动进程,历经供应、生产、销售三个环节,不断循环与周转,表现了流动性和依次继起性的特征。企业用货币资金购买生产必需的材料物资,形成了储备资金;在生产过程中生产者运用劳动资料作用于劳动对象,既转移了生产价值,同时也创造了新的价值。在这个过程中,属于劳动对象性质的储备资金以及用于支付生产者必要劳动报酬和生产经营管理费支出的货币资金,就在一个生产周期内被消耗掉,加上由生产资料转移的价值一起,先转化为生产资金,之后随着产品价值的形成,再转化为成品资金。最后在产品销售过程中,产品价值得到实现,形成货币资金,其中用于补偿生产性资金耗费的部分再投入生产过程,从而开始新的资金循环。

可见,企业生产经营资金运动的规律就是在一个生产经营周期内,资金从一种占用形态通过耗费转化为另一种占用形态,从而获得价值补偿的连续交替过程。在这个过程中,资金耗费成为资金占用形态转化的关键环节和唯一表现形式。从资金运动角度分析,资金占用形态与资金耗费及价值补偿之间有着相互依存的关系。资金运动以资金耗费为表现形式,资金耗费必须获得相应的价值补偿。通过这种资金耗费与价值补偿之间的矛盾转化,资金才得以从一种占用形态过渡到另一种占用形态,从而表现出连续不断的资金运动过程。在这里,资金耗费的价值补偿是企业简单再生产的必要条件。成本补偿直接涉及国家与企业之间的利益分配关系,从社会再生产的角度考察,为了发展社会生产力,包括科学技术进步和劳动者素质提高,必须有一部分剩余劳动创造的价值用于社会扩大再生产和社会分工的需要。社会分工是人类社会进步的表现,只有在社会生产力发展到一定的水平之后,才有条件允许一部分人脱离直接生产领域,依靠剩余劳动创造价值去从事文化、教育、科研、卫生、行政管理和国防等项工作。这些事业的繁荣,进一步促进了社会生产力水平的提高。因此,对于生产经营活动中的资金耗费,既要予以足额的价值补偿,以维持企业简单再生产的正常进行,同时又只能按所转移生产资料的价值,以及按当前社会生产力水平下的社会平均生活水平,即相当于平均生活资料的价值给予补偿,使补偿之后有所剩余,以满足社会扩大再生产的需要。

如何认识价值补偿的标准,有理论补偿和实际补偿两种观点。

理论补偿观点:成本补偿含义确切表述应是成本补偿是从销售商品或提供劳务所取得的货币收入中,按其耗费的物化劳动和活劳动中必要劳动的价值进行补偿和偿还,以确保简单再生产的顺利进行的资金运动。理论补偿观点是与理论成本观点相适应的。

实际补偿观点:成本价格和补偿价值,是两个既紧密联系又有区别的经济范畴。成本价格反映补偿价值,又不能简单地等同于补偿价值。但归根到底,成本价格终究要以补偿价值为基础。成本价格既反映商品生产中的资金耗费,它就不可能简单地等同于商品生产中的劳动耗费即补偿价值。因为商品生产是用商品来生产商品,机器设备等劳动手段是作为商品购入,原料等劳动对象也是作为商品购入,它们的价格和价值会有偏离,所生产的商品的成本价格也自然会和补偿价值有偏离,两者不可能等同。

实际补偿观点是与实际成本观点相适应的。他们认为,成本价格不能简单地等同于补偿价值,一个重要的原因是成本不实。除此之外,还存在生产资料的价格持续性上涨和折旧率偏低,导致固定资产价值补偿不足,更新改造资金缺乏,生产能力下降;资源耗费也是生产耗费,但资源耗费价值补偿尚未提到议程,资源价值的确认在理论上需提高认识,在实际操作上需研究适当方法;各种形式的补贴使得企业职工实际工资高于名义工资,即 V 的补偿不足,要靠 M 来补充;营业外收支范围要规范,许多生产性耗费性质的支出,不应列入营业外支出,人为地缩小成本补偿范围等。

实际补偿观点还认为,成本补偿的资金来源是销售商品和劳务所取得的货币收入而不是会计核算上的销售收入。这是因为,在会计核算上根据会计准则所确认的销售收入中,可能存在着一定数量的债权。商业信用作为企业营销策略,虽对扩大销量起到一定的作用,但在财务结算上销售收入的确认与货币收入的实现存在着时间差。企业不仅要为拖欠的货款承担资金成本,而且还存在坏账损失的风险,一旦坏账损失发生,成本就无从实现补偿,从而影响再生产的正常进行。

实际补偿观点所提出的影响成本价格与补偿价值相偏离的种种原因,有些涉及成本理论问题,如成本核算的基本假定,资源的价值构成与确认,营业外收支范围的界定等等,这些问题需要通过研究,达到对成本补偿标准的认同。有些涉及成本管理实务中的问题,如成本计算失实,折旧率偏低,生产资料价格上涨等,这些问题需要通过加强成本管理和改进成本核算方法来解决。

无论是在理论上还是在实务上,生产经营活动中的资金耗费都应以价值形式获得及时、充分的补偿,既不可以因补偿不足而危及企业简单再生产的进行,也不可以因补偿过头而侵害社会扩大再生产的发展,这是研究资金耗费与价值补偿的基点。

1.1.2.2　成本的经济内涵

企业成本,是为生产一定质量和数量的产品或提供劳务,在生产经营活动中所耗费的个别物化劳动 C、必要活劳动 V 的补偿价值。

上述企业成本的理论概念揭示了其经济内涵,包括企业成本的经济性质、经济内容和经济本质三个方面。

第一,从企业成本的经济性质上考察,成本是生产经营活动中劳动耗费的价值度量。在自然经济社会,尚未出现货币,人们用以物易物的方式互通有无,还谈不上对劳动耗费的价值度量。在简单商品经济社会,商品生产建立在生产者个人劳动的基础上,商品生产与商品交换以获取使用价值为目的,对生产耗费的价值度量仅限于物化劳动。在发达商品经济社会,劳动力成为特殊的商品。生产者投入各种生产要素,发生劳动耗费(包括物化劳动和活劳动耗费),其目的在于创造新的价值,使之在交换中得以实现,并有所剩余。因此,生产者不再是为使用价值而是为商品价值而从事商品生产和商品交换的。消费者在市场上购买商品,其目的在于获得商品的使用价值,或所提供的劳务,因而商品购买者是为使用价值而消费的。

如果生产者投入耗费了经济资源和劳动而一无所获,那么,这种资源和劳动耗费只能是一种损失,自然无所谓成本核算或价值度量。进一步讲,如果生产者对所取得的劳动成果而发生的经济资源和劳动耗费受到某种条件限制无法计量或计量不实,那么,生产者就无法在交换中实现新创造的价值。因此,成本的经济性质,实质上反映了价值与使用价值之间矛盾对立统一的关系,体现了企业成本以及新创造价值可计量性的要求。

第二,从企业成本的经济内容上考察,成本虽是商品价值的重要构成内容之一,但二者在构成内容和价值度量上又有着显著的差别。在构成内容上,成本仅相当于商品价值的前两部分,即生产资料转移价值 C 和必要活劳动创造价值 V。在价值度量上,商品价值取决于生产该产品的社会必要劳动量,即其构成中的 $C+V$ 为社会必要劳动耗费,而成本则是生产该产品的个别劳动耗费。这种"个别",既相对于生产同类产品的不同生产者,也相对于同一生产者,生产同类产品的不同生产期间(成本计算期),即成本在价值度量上具有空间上的个别属性和时间上的个别属性。正是由于企业成本的个别劳动耗费属性在价值度量上的差异,才导致那些个别劳动耗费低于社会必要劳动耗费的商品生产者从中获得因成本降低而产生的,高于其他商品生产者的超额利润。因此,成本的经济内容实质上反映了生产者的个别劳动耗费与商品交换价值的社会必要劳动耗费之间矛盾对立统一的转化关系,体现了企业成本在经济内容上的个别属性要求。

第三,从企业成本的经济本质上考察,成本是为生产一定数量和质量劳动成果而发生个别劳动耗费的价值补偿。这种价值补偿必须,而且只能以成本的经济内容为限度。价值补偿不足,企业简单再生产将难以为继,但如果价值补偿过头,则将严重阻碍社会扩大再生产的正常进行。在产品价值实现过程中,企业以产品价格为基础,获得一定量的销售收入,并以销售收入补偿销售成本,补偿之余形成企业销售利润。当以生产者的个别劳动耗费为价值补偿限度时,理论上企业的销售利润应由差量利润 Δp、社会平均利润 m 和超额利润 $\Delta(c+v)$ 三部分构成。

其一,在价值规律的作用下,价格与价值存在一定程度的偏离,当生产者提供的产品或劳务适应市场需求,处于卖方市场下,就会获得超过其价值的差量利润 Δp(反之,在买方市场下,Δp 为负值)。这是在商品交换过程中,社会生产各部门创造价值的重新分配。其二,在商品价值构成中,社会必要劳动耗费新创造价值量 m,这是企业占有一定量的资本金,具有社会平均水平的盈利能力,通过简单或外延扩大再生产方式,所必须实现的平均利润。其三,企业个别劳动耗费低于社会必要劳动耗费的差量利润 $\Delta(c+v)$,这是企业在生产经营活动中,通过降低成本、增产增销、提高资金利用效益所创造的价值,通常也称为"超额利润"。设销售利润总额为 SP,则其理论构成为:

$$SP = P - (C + V)' = \Delta p + m + \Delta(c + v)$$

在上式中,Δp 并非企业新创造的价值。m 是在企业个别成本等于社会平均成本时,所实现的基本利润。这是一种有基本剩余劳动的简单再生产,所实现的基本利润是社会再生产的物质基础,并不能体现企业自身经济效益的提高,只有 $\Delta(c+v)$ 才是企业致力于采用先进生产技术,扩大企业生产能力,开拓市场,提高产品质量,降低消耗,不断完善企业经营机制和提高管理水平,通过成本补偿而取得的。企业成本的经济本质,实质上反映了企业简单再生产与社会扩大再生产之间的矛盾对立统一的转化关系,体现了在市场经济条件下通过成本补偿,追求超额利润的价值补偿性要求。

1.2 企业成本管理理论

1.2.1 成本层次理论与成本分类

1.2.1.1 成本层次理论

1. 宏观层次的成本与微观层次的成本

是否有必要且有可能在宏观经济层次上组织成本核算和成本管理,这在学术界是有争议的。有的学者从宏观经济调控的需要出发,认为对宏观层次上的成本组织核算和加强管理,不仅有必要,而且是可能的。他们认为宏观层次的成本具体表现为国民经济各部门的平均成本,代表了一定时期在社会经济环境制约下的社会生产力发展水平,即社会平均成本。社会成本是全社会的平均成本,它是制定商品价格的重要经济依据,是衡量国民经济管理水平和经济效果的重要指标之一。个别成本是企业经营管理的综合指标。它们之间的关系是:社会成本是企业个别成本的前提,企业个别成本是社会成本的基础。在社会成本核算上可以组织各行业平均成本的计算,并以一定时期的行业平均成本水平作为考核企业成本的基本依据,同时,行业平均成本也为同类产品的价格制定提供了基础,是国家利用价格杠杆引导企业经济行为,调控国民经济发展的重要手段。

有的学者对上述观点提出质疑,其一,国民经济各部门、各行业生产的产品和提供的劳务千差万别,成本形态各异,计算社会平均成本难以解决计量上的困难,同时也会存在重复计算的问题。其二,随着财务管理体制改革,企业已不再对外披露成本状况,企业成本水平已成为市场竞争的商业秘密,在这种情况下,取得企业成本构成及其变动的真实资料是不可能的。其三,在市场经济条件下,产品(或劳务)的价格不是由国家根据社会成本水平用行政手段制定,而是由市场供求关系决定的。除少数工业产品(如石油产品)、农副产品(如棉花)、劳务供应(如民航、铁路),仍由国家统一定价外,大多数产品和劳务都要靠质量和成本(价格)参与市场竞争。其四,即使有可能计算出某一时期、某一行业的平均成本水平,并以此作为对企业实际成本考核的基础,由于各企业所处的经济环境、所占用的自然资源条件存在很大差别,这种考核标准也是不现实的。

从理论上分析,成本的构成与特定的空间有关。成本的空间应区分为发生空间与观察空间。成本耗费发生的主体是个别生产者,发生的空间是产品生产和劳务提供的单位,如果不考虑个别生产者的经营行为所导致的社会经济资源代价问题(即"社会经济成本"),则在成本发生空间的意义上不存在宏观成本。但从观察空间上认识,微观层次的成本(即企业成本),除生产经营行为所产生的劳动耗费外,还必须考虑各个企业在市场经济条件下彼此之间的利益关系,以及这种利益关系的矛盾冲突和协调而发生的社会代价。例如,市场规则的制定,国民经济布局和产业结构的调整,工业污染的治理,非再生性自然资源的保护等。这些为维持社会再生产正常进行,保证国民经济可持续发展而发生的代价,构成宏观层次上的成本。

2. 企业成本构成的三个层次

有的学者对企业成本的构成,从理论上分解为三个层次。第一层次是理论成本,它是产品价值的重要组成部分,是在理想状况下从事生产经营而发生耗费的最低极限。这是成本的"内核"。第二层次是行业平均成本,这是一种社会承认和接受的平均成本水平,也是产品价格制定的基础。行业平均成本并非成本的最低限度。资源条件较好,成本管理水平较高的生产者可以控制其个别成本低于行业平均成本,从而取得超过同类企业的超额利润,有的企业就难以做到。换言之,在行业平均成本之中,存在着所谓"社会无效成本",这是受一定时期的社会经济环境和生产力发展水平的制约所决定的,也是被社会所承认和接受的。超额利润的取得,正是这种"社会无效成本"抑减的体现。第三个层次是企业个别成本,这是一种由企业生产经营条件和成本管理水平所决定的成本水平,即企业的实际成本。对于资源条件较差、成本管理水平较低的生产者,其个别成本可能高于行业平均成本,不仅不能获得低于行业平均成本而产生的"超额利润",而且还产生了超过社会必要劳动之外的损失。这是一种不被社会承认和接受的耗费,对这种耗费的价值补偿实质上是对企业正常盈利的侵蚀。换言之,在企业个别成本中还可能存在着所谓"超量无效成本"。

企业成本的构成层次理论,明确了降低成本的努力方向,即首先应控制和消除"超量无效成本",实现社会平均盈利水平;其次是挖掘减少"必要无效成本"的潜力,获得超额利润,这才是企业经济效益的真正体现。

1.2.1.2 "三维成本"理论

1. 作业基础成本法下的"三维成本模型"

从成本核算的过程上看,传统的成本核算遵从的是二维成本模型(Two - Dinmensional Cost Model),第一维是产品成本(Product Cost),第二维是部门成本(Department Cost)。在这种模型下,直接费用按"受益原则",根据原始凭证记载的耗费信息,将费用计入特定成本计算对象,即某种(批)产品成本之中;间接费用先按其发生地点,即部门进行汇集,形成部门成本,再按某种标准分配计入某种(批)产品成本之中。

作业基础成本法(Activity Based Costing)是一种通过对成本性态的深入分析,揭示制造费用产生的动因,再依不同动因与制造费用的关系,将制造费用归集于不同的作业,从而将制造费用分配计入各产品成本之中的一种方法。20 世纪 70 年代后期以来,西方发达国家的许多企业竞相采用适时制生产方式和弹性制造体系。企业生产环境发生了革命性变化。这种制造系统强调生产工艺的可分解性和相互的协调性。如果将每一项同性质的生产活动视为一类作业,当将生产工艺过程分解为相互衔接的不同环节时,每一环节上的生产活动都可视为不同性质作业的集合。成本动因驱动作业发生,作业的运作与完成消耗资源,形成作业成本,并按动因与作业量将作业成本计入各产品成本之中。因而,在作业基础成本法下所建立的三维成本模型(Three - Dinmensional Cost Model),第一维是产品成本(Product Cost),第二维是作业成本(Cost of Activity),第三维是动因成本(Driver Cost)或称为过程成本(Business Process Cost)。作业基础成本法拓宽了成本核算的范围,将成本核算延伸扩展到产品形成的过程之中,从而避免了在传统成本法下扭曲成本信息的缺陷，适应了现代企业工艺的制造环境。作业基础成本法提供了“相对准确的成本信息”，这对于管理人员通过对生产经营过程及作业成本形成的考察，正确做出生产经营决策是有意义的。

2. 基于全面成本管理的“三维成本”理论

随着我国市场经济体制的建立，企业由单一的“生产型”转化为“生产经营型”，由“商品生产”转化为“资本营运”。它要求企业不仅要重视产品生产成本，更要注重产品生产和售出后为改进产品质量或因质量问题而追加的投入或发生的损失，以及在研究开发新产品、开拓市场而发生的各项费用，据此，基于全面成本管理的“三维成本”就是指产品从设计生产到售后使用直至报废整个寿命周期内发生的各项费用和支出，即表现为在“数量”、“质量”和“更新”三维上的支出费用总和。

第一维数量成本，是生产一定种类和数量的产品所发生的各项费用，这是“三维成本”的基本部分，其内容与产品生产成本基本一致，但不包括纳入质量成本的“废品损失”和“三包费用”。

第二维质量成本，是为了保证和提高产品质量而投入的费用，以及未达到质量标准，不能满足用户对产品功能和可靠性的要求而发生的损失。质量成本包括两类，一类是由质量保证费用和质量预防费用构成的功能性质量成本，另一类是由内部故障损失和外部故障损失构成的损失性质量成本。

第三维更新成本，是开发研制新产品、新技术、新工艺，或引进国外先进技术而发生的各项费用，更新成本也包括对原有产品生产技术和生产设备的改造，使产品升级换代具有更强的市场竞争力。

“三维成本”理论的意义在于，首先是在观念上突破了传统式单一核算生产成本的制约，能够更全面、系统地核算和监督企业生产经营过程各个阶段上的资金耗费，从成本效益的角度全面观察所费与所得的关系。其次，是通过对“三维成本”结构的分析可以依据各维成本占总成本的比重，分析对成本效益的影响，从而揭示在成本管理上存在的问题，为企业生产经营决策，例如开发新产品、采用先进工艺技术、提高产品质量、降低生产消耗等提供依据。

1.2.1.3　成本分类

为适应成本理论研究和满足企业成本管理工作的需要，可以对成本从不同角度进行分类，成本分类与成本层次有关，在不同的层面上，成本可划归为不同的类型。

1. 理论层次上的成本分类

理论层次上的成本分类，抽象了成本的具体内容，从本质上说明成本的属性及其理论构成，具有理论研究上的指导意义。在该层面上，首先可分为宏观经济成本与微观经济成本两类。宏观经济成本是从国民经济的投入产出关系上，对维持社会扩大再生产，在生产要素上发生资源耗费补偿价值的考察，宏观经济成本可以从不同的角度去认识，如社会平均成本、社会经济成本、社会必要劳动耗费等。

微观经济成本即企业成本。根据社会分工对各类企业的划分，除工业企业外，还有商业物资贸易企业（或称流通企业）、交通运输企业、建筑施工企业、房地产开发企业、邮电通信企业、饮食宾馆旅游服务企业、金融证券保险企业、种植养殖企业等。这些实行独立经济核算的企业,都需要按照各自的生产经营特点,组织成本核算和加强成本管理。按各类企业的劳动生产成果的性质(有形产品或无形劳务)和成本构成特点,可以将企业成本划归为生产性成本与劳务性成本两类。

生产性成本是生产性企业为生产一定质量和数量的产品在生产要素上耗费的个别物化劳动和必要活劳动的补偿价值。生产性企业是指那些通过一系列生产工艺过程,采用一定技术方法,将投入的生产要素有机结合起来,生产出具有某种使用价值和一定实物形态产品的企业,如各类工业企业、建筑施工企业、房地产开发企业、种植养殖企业等。这类企业的劳动成果都有特定的实物形态,能够以产品的生产地点和时间确定成本计算对象,汇集生产费用,计算产品成本。其成本构成一般为直接材料、燃料、动力、折旧费等生产资料转移价值以及直接工资,其他直接支出等必要活劳动耗费价值。

劳务性成本是劳务性企业为提供某种劳务在生产要素上个别耗费的物化劳动,提供劳务者必要活劳动耗费的补偿价值。劳务性企业是指那些以具有某种服务功能设施(如交通工具),以及提供劳务者的技能(如商品营销),为用户(消费者)提供服务,满足用户(消费者)某方面需要的企业,如交通运输企业、商业物资贸易企业、邮电通信企业、金融证券保险企业、饮食宾馆旅游服务企业等。这类企业的劳动成果一般不具有实物形态,只能按提供劳务的性质、数量和质量,汇集所发生的经营费用,计算劳务成本,其成本构成在理论上仍然可抽象为物化劳动耗费和必要活劳动耗费,但由于劳务性企业种类繁多,经营性质悬殊,各种企业在成本构成上不尽相同,在理论界也存在着不同认识。

较有代表性的是学术界对商业部门劳动性质的讨论,一种观点认为,根据马克思关于流通费用的有关论述,纯粹的商业活动(不包括运输、储存、加工费)是一种非生产性劳动。商品在交易过程中,只是同一价值的形态变化,既不创造产品,也不创造价值,这与从事于运输、储存、加工等活动的性质不同,后者使商品的位置或场所发生转移,或者改变了商品的形态或性能,属于生产劳动在流通领域里的延伸。但是由于专门从事于流通交易活动比生产企业直接从事流通交易活动更为节约劳动时间,因而生产企业愿意以商品出厂价形式让出一定数额的剩余价值,以补偿商业的流通费用,并让商业企业实现一定的利润。由此可见,商业物资贸易企业的劳务性成本构成,无论是购入商品进价还是流通费用都是物化劳动耗费转移价值,营业人员的工资是生产企业创造价值的转化形式。

另一种观点认为,商业活动是生产经营过程在流通领域里的延伸和继续,运输、储存、加工商品如此,纯粹的商业活动也是如此。他们认为,从生产要素的投入直至商品在市场实现交换,这是一个完整的生产经营活动过程,在这个过程中所耗费的一切劳动,都是创造和实现价值不可缺少的,只是分工不同,从而在劳动的表现形式和耗费发生领域有所不同。因此,纯粹商业活动也是生产劳动,其劳务成本构成同样由物化劳动耗费转移价值和必要活劳动耗费创造价值两部分组成。

值得指出的是,随着企业生产经营的多元化和规模经济的发展,许多大型集团企业往往在其核心产业之外,还投资于国民经济的许多其他产业和部门,从而形成集科研、生产、贸易、房地产开发、宾馆服务甚至非银行金融机构(企业财务公司)为一体的多角经营的格局,因而很难将这类企业严格划归生产性企业或劳务性企业。

2. 功能层次上的成本分类

功能层次是就成本管理的作用而言的。成本在经济工作中的作用,除满足计量企业生产经营性资金耗费、限定价值补偿的经济内容、正确计算企业损益外,还必须为企业的生产经营决策提供依据,为强化成本管理职能服务。为此,按成本在经济工作中的作用,可将成本划分为财务成本、管理成本和技术经济成本三类。

(1)财务成本是根据实际成本原则和权责发生制要求,以及国家财务制度规定,按各成本计算对象受益的情况,采用一定的核算程序和计算方法所计算的企业成本。正确计算财务成本,对于保证合理的价值补偿,正确计算企业期末存货价值和盈利,考核成本水平,具有重要意义。财务成本在企业中表现为多种多样的具体形式,并被赋予各种不同的名称。对生产性企业而言,财务成本可以进一步作下述分类:

按生产经营环节与生产经营的关系,可分为购储成本、生产成本和期间成本。

按成本发生的空间范围,可分为班组成本、工序成本、车间成本和工厂成本。

按成本依附的实体,可分为自制半成品成本、在产品成本、产成品成本、产品总成本、产品单位成本、商品产品成本和委托加工商品成本。

(2)管理成本是根据企业生产经营决策,成本控制及成本责任考核的需要,所建立的成本指标体系。管理成本为适应企业经营管理不同的特殊目的,其涉及范围广泛,成本认定往往具有非常规性。一般而言,管理成本可分为决策成本和控制与考核成本两类。

决策成本是与生产经营决策有关的成本指标,包括:固定成本与变动成本,相关成本与非相关成本,可避免成本与不可避免成本,付现成本和沉没成本,原始成本与重置成本,专属成本与共同成本,可延缓成本与不可延缓成本,差量成本和边际成本,机会成本,质量成本,预测成本,目标成本等。

控制与考核成本是用于控制生产经营活动中劳动耗费,考核企业生产耗费水平的成本指标,包括:标准成本,定额成本,计划成本,可控制成本与不可控制成本,责任成本与非责任成本等。

(3)技术经济成本是为研究成本与技术、功能与质量关系,满足企业研究开发新产品、新工艺决策需要的成本指标,其包括功能成本、设计成本、质量成本和投资成本等。

3. 要素层次上的成本分类

要素层次是就成本构成的具体内容而言的,实际上成本控制的直接对象,就是在生产经营活动中各项生产要素上发生的资金耗费。

为了适应成本管理的要求,要素层次上的成本可以按不同标准分类。

按照生产费用计入企业成本的程序,要素成本可分为单要素成本和综合费成本。单要素成本是只由一种经济性质的费用要素构成的成本项目。综合费成本是由两种以上经济性质的费用要素构成的成本项目。正确认识成本构成的经济性质,有利于掌握生产费用转化为企业成本的关系。

按照生产费用计入企业成本的方法,要素成本可分为直接费用成本和间接费用成本。直接费用能够根据原始凭证记载的耗费信息,将费用确认计入某种成本计算对象之中。间接费用为多个成本计算对象所共同耗费,需采用适当标准和方法,将费用计入各成本计算对象之中。一般而言,计入企业成本的直接费用比重愈大,间接费用分配标准愈合理,企业成本的准确性就愈高。

按照生产费用与生产经营活动的关系,要素成本可分为基本费用成本和一般费用成本。基本费用是由生产经营活动自身引起的各项费用汇集而成的成本项目。一般费用是由组织和管理生产经营活动而发生的各项费用汇集而成的成本项目。这种划分,有利于分析企业成本结构,考察企业管理水平。

按照计入企业成本的生产费用经济用途,要素成本可分为直接材料、燃料及动力、直接人工、其他直接支出、制造费用等成本项目。企业可根据本单位具体情况和成本管理要求,合并或分设成本项目,如增设"自制半成品"、"废品损失"等成本项目。将同一经济用途的生产费用归集于同一成本项目之内,而不考虑生产费用发生时的原始形态,有利于分析成本结构的合理性,为加强成本控制,对不同用途的耗费采取相应的调节措施提供了依据。

1.2.2　成本管理对象

成本管理的对象是与企业经营过程相关的所有资金耗费。它既包括财务会计计算的历史成本,也包括内部经营管理需要的现在和未来成本;既包括企业内部价值链内的资金耗费,也包括行业价值链整合所涉及的客户和供应商的资金耗费。

成本管理的对象最终是资金流出;但是具体到每个企业的成本管理系统,成本管理的对象还是有所不同。传统的简单加工型小企业的成本管理仅限于进行简单的成本计算,其成本管理对象也就限定在企业内部所发生的资金耗费。而自身处于激烈竞争的大型企业为赢得竞争,必须关注企业的竞争对手和潜在的所有利益相关者,因此其成本管理对象也就突破了企业的界限。凡是和企业经营过程相关的资金消耗都属于成本管理的范围。

1.2.3　成本管理目标

成本管理的基本目标是提供信息、参与管理,但在不同层面上又可分为总体目标和具体目标两个方面。

1.2.3.1　成本管理的总体目标

成本管理总体目标是为企业的整体经营目标服务,具体来说,包括为企业内外部的相关利益者决策提供其所需的各种成本信息和通过各种经济、技术和组织手段实现控制成本水平。在不同的经济环境中,企业成本管理系统总体目标的表现形式也不同,而在竞争性经济环境中,成本管理系统的总体目标主要依据竞争战略而定。在成本领先战略指导下,成本管理系统的总体目标是追求成本水平的绝对降低;而在差异化战略指导下,成本管理系统的总体目标则是在保证实现产品、服务等方面差异化的前提下,对产品全生命周期成本进行管理,实现成本的持续性降低。

1.2.3.2　成本管理的具体目标

成本管理的具体目标可分为成本计算的目标和成本控制的目标。

成本计算的目标是为所有信息使用者提供成本信息。外部信息使用者需要的信息主要是关于资产价值和盈亏情况的。因此,成本计算的目标是确定盈亏及存货价值,即按照成本会计制度的规定,计算财务成本,满足编制资产负债表的需要。而内部信息使用者利用成本信息除了了解资产及盈亏情况外，主要是用于经营管理，因此成本计算的目标即通过向管理人员提供成本信息，借以提高人们的成本意识：通过成本差异分析，评价管理人员的业绩，促进管理人员采取改善措施；通过盈亏平衡分析等方法，提供管理成本信息，有效地满足现代经营决策对成本信息的需求。

成本控制的目标是降低成本水平。在历史发展过程中，成本控制目标经历了通过提高工作效率和减少浪费来降低成本，通过提高成本效益比来降低成本和通过保持竞争优势来降低成本等几个阶段。成本目标因竞争战略而不同。成本领先战略企业成本控制的目标是在保证一定产品质量和服务的前提下，最大程度地降低企业内部成本，表现在对生产成本和经营费用的控制；而差异化战略企业的成本控制目标则是在保证企业实现差异化战略的前提下，降低产品全生命周期成本，实现持续性的成本节省，表现为对产品所处生命周期不同阶段发生成本的控制，如对研发成本、供应商部分成本和消费成本的重视和控制。

1.2.4　成本管理原则

成本管理原则是会计人员在成本核算过程中所应遵循的基本原则，是对企业成本管理工作具有指导和规范作用的成本会计准则。由于在成本管理中，存在着种种不确定的因素，给正确核算企业成本带来了困难。因此，依据成本管理原则进行成本会计工作，对于协调各种成本计算目的，促进成本计算制度化，提高成本信息的可靠性具有重要的意义。成本管理一般应遵循以下原则。

1.2.4.1　集中统一与分散管理相结合的原则

企业的成本管理工作是由各个部门和有关人员共同完成的，各个部门各负其责，在完成各自任务的同时，相互协调也是一个重要的问题。在协调各部门成本管理工作中，应本着集中统一与分散管理相结合的原则。这里的“集中统一”是指成本管理工作应在负责经营管理的厂长（经理）的领导下，由财会部门负责统一管理、统一协调和统一核算；“分散管理”是指由各个生产部门及职能部门根据其自身的职责分工，对应负责的成本进行管理和控制。集中统一与分散管理相结合，能充分调动各方面的积极性，共同完成成本管理工作的任务。

1.2.4.2　技术与经济相结合的原则

在产品成本形成过程中，技术因素占有很重要的地位。要搞好成本管理工作，必须贯彻技术与经济相结合的原则。其实，成本管理工作不能仅仅看成是一项会计工作，它涉及企业的各个部门和全体员工。因此，成本管理工作不应只是财务会计部门的事，与企业的各个部门都有密切的联系。所以，要克服搞技术的不关心成本、搞成本管理工作的不参与技术决策的现象。成本管理的重要任务就是降低成本，而降低成本涉及产品设计、工艺改革、材料选用等方面的问题。所以，各有关职能部门的设计人员、工程技术人员、材料采购人员都应懂成本、关心成本；成本管理人员则应向生产技术部门的人员学习，要懂技术、了解生产工艺过程，参与成本、技术的决策。只有各方面协同努力，才能做好成本管理工作。

1.2.4.3　专业管理与群众管理相结合的原则

成本管理虽然是一项专业性较强的工作，没有经过专门培训的人员是做不好这项工作的，但是只靠专业成本管理人员来做成本管理工作显然是不够的。从另一个角度看，成本管理工作也是一项群众性的工作，只有依靠全体职工的共同努力，才能做好这项工作。

1.2.4.4 成本最低化的原则

成本管理的主要任务是在一定的条件下，分析影响各种降低成本的因素。制定可能实现的最低的成本目标，通过有效的控制和管理，使实际执行结果达到最低目标成本的要求。在实行最低化成本原则时，首先应注意全面研究降低成本的可能性。在实际工作中，影响成本高低的因素很多。成本管理的目的是要研究各种降低成本的潜力，使可能变为现实。成本最低化的研究开发工作开始得越早，其受益的时间就越长；在某一个环节取得的成效，就会推动其他环节的改进。同时要研究合理的成本最低化，即一是要从实际出发，二是要注意成本最低化的相对性。

1.2.4.5 全面成本管理的原则

在成本管理的实践中，有许多企业陷入了一个误区，表现在偏重于实际成本的计算、生产成本的计算，而忽视了其他成本管理的工作。其实成本管理是一项系统工程，它涉及企业的所有部门和全体员工。如果某一个部门或某一个员工在成本管理工作中出现问题，都会影响成本管理工作的整体效果。

1.2.4.6 分期核算原则

企业作为一个持续经营的会计主体，其生产经营活动是连续不断进行的。为了取得一定期间所生产产品的成本资料，满足会计信息使用者进行经营管理及相关经营决策的需要，并发挥成本会计的控制作用，企业必须将其生产经营活动划分为若干个相等的成本会计期间，分期地进行成本核算，以便确定各个会计期间的有关存货成本与销货成本。分期进行成本核算，不仅有助于及时地提供企业的财务状况和经营成果，而且有助于对各个会计期间的成本费用的耗费情况进行比较分析，从而加强成本控制。

必须指出，成本核算的分期，与产品的成本计算期是两个不同的概念。不论是生产性企业还是劳务性企业，成本核算工作，包括费用的归集、汇总与分配，都必须按月进行。而完工产品的成本计算，则与生产类型有关，可以定期进行，与成本核算期一致；也可以是不定期的，与成本核算期不一致。

1.2.4.7 合法性原则

企业的经济活动是多方面的，除了日常经营活动外，还有其他方面的经济活动，因而费用的用途也是多方面的，并非都应计入成本。计入成本的费用，都必须符合国家法律、法规和制度等规定，不符合规定的费用就不能计入成本。如根据目前制度规定，企业购置和建造固定资产、购买无形资产以及对外投资，这些经济活动都不是企业日常的经营活动，其支出都属于资本性支出，不应计入成本；又如，企业被没收的财物、各项罚款以及由于自然灾害等而发生的非常损失，都不是由于企业日常经营活动而发生的，也不应计入成本；再如，管理费用、财务费用和销售费用等应该作为期间费用，与当期的收入配比，不能计入成本。多计和少计生产费用，都会使成本计算结果不实，从而不利于企业成本管理。因此，每一个企业都应遵守国家关于成本费用开支范围的规定，正确计算成本。

1.2.4.8 可比性原则

可比性原则要求企业所采用的成本计算方法（如存货的计价方法、固定资产的折旧方法、制造费用的分配方法、完工产品与在产品成本的划分方法等）应尽量保持前后各期一致，不得随意变更，以保证各个会计期间所提供的成本信息具有可比性。企业在进行成本核算时，一般应根据企业生产的特点和管理要求，选择不同的成本计算方法计算成本。成本方法一经确定，没有特殊的情况不应经常变动。如因特殊情况确需改变原有成本计算方法的，企业应在财务会计报告中，就改变的原因以及对企业财务状况和经营成果的影响情况等进行披露。

1.2.4.9　历史成本原则

历史成本原则，也称实际成本原则。尽管会计计量的属性有历史成本、重置成本、可变现净值、现值和公允价值等，但是，根据《企业会计准则——基本准则》的“企业在对会计要素进行计量时，一般应当采用历史成本”的要求，财务会计是以历史成本作为主要计量属性的，而成本会计主要是为了正确地反映企业的财务状况和经营成果，所以必须以实际发生的经济资源耗费为依据。它包含三个方面的涵义：一是对经营活动中所耗用的原材料、燃料、动力和人工等费用，都要按实际成本计价；二是对固定资产折旧必须按其原始成本和规定的使用年限计算；三是对成本对象要按实际成本计价。必须指出，实际成本计价并不排斥原材料、产成品等存货按计划成本或定额成本进行日常核算的方法，但必须合理计算成本差异，月终编制会计报表时，将计划成本或定额成本调整为实际成本。可见，即使管理当局出于成本计划管理的需要，对有关费用和成本制订计划或定额，但最终都必须调整为实际成本来反映。

1.2.4.10　权责发生制原则

在成本核算过程中，许多费用的发生期间与应归属的期间往往不相一致。为了按月分析和考核成本与费用，正确计算各月损益，企业在进行成本核算时，应遵循权责发生制原则，正确处理费用的发生问题，特别是要正确处理待摊、递延和预计费用。权责发生制要求在成本核算时，对于已经发生的支出，如果其受益期不仅包括本期，而且还包括以后各期，就应作为待摊费用或递延资产按其受益期分摊，不能全部列作本期费用；对于应由本期负担但尚未支出的费用，则应作为预计费用先行预提计入本期费用中。成本核算贯彻权责发生制原则，能使成本信息较为准确地反映成本责任，从而为正确计算损益提供可靠的依据。

1.2.5　成本管理内容

在成本管理发展的不同时期，由于其含义不同、目的不同，成本管理的内容也不完全相同。传统成本管理是运用会计核算的一般原理、原则和方法，全面系统地记录企业生产经营过程中所发生的各种生产费用，并按一定的程序，选择一定的标准，在各成本计算对象之间进行归集、分配、汇总，从而确定各种产品或劳务的总成本和单位成本，以供企业领导和管理部门制定产销政策时参考。这种对生产经营过程中实际发生的各种费用的记录、核算，在现代成本管理中仍然是一项重要的内容，但仅进行事后的记录和核算，已不能满足现代企业成本管理的要求。因此，现代成本管理应对传统成本管理的内涵和外延进行拓展，涵盖更广泛的内容，才能满足现代企业成本管理的需要。从目前来看，现代企业成本管理的主要内容应包括成本预测、成本决策、成本计划、成本控制、成本核算、成本分析、成本考核。

1.2.5.1　成本预测

成本预测是指根据有关成本资料和现有各种技术经济因素的依存关系，运用一定的科学方法，对未来期间的成本水平及其变化趋势做出的科学推测和估计。成本预测的目的在于寻找降低产品成本的途径，挖掘降低成本的潜力，并为做出成本决策、编制成本计划、进行成本控制提供科学的依据。成本预测的主要内容有：根据日常的成本核算资料和经营管理水平，预测单位产品成本水平的变化趋势；在编制成本计划时，预测企业计划期的目标成本，以及在产品产量、品种、质量、价格等因素发生变化的情况下，企业产品总成本水平和成本变化的趋势；在产品生产过程中，根据生产预测和计划，对期中的成本进行预测，来揭示成本计划的执行情况和完成程度；运用各项成本指标和有关资料，预测企业各项技术经济工作的经济效果。

1.2.5.2　成本决策

成本决策是指在成本预测的基础上，结合有关成本资料，采用定性与定量的方法，选择最优成本方案的过程。成本决策贯穿于企业整个生产经营过程，其目的在于对生产经营过程的每个环节都选择最优的成本决策方案，从而达到整体最优效果。成本决策的主要内容有：经济批量的成本决策；零部件自制或外购的成本决策；接受追加订货的成本决策；亏损产品是否停产的成本决策；产品转产的成本决策；自制半成品出售或进一步加工的成本决策；产品薄利多销的成本决策等。

1.2.5.3　成本计划

成本计划是指在成本决策的基础上，根据计划期的生产任务、降低成本的要求以及有关资料，通过一定的程序，运用一定的方法，以货币计量形式表现计划期产品的生产耗费和各种产品成本水平，并作为控制与考核成本的重要依据。成本计划的目的在于为降低产品成本提出明确的奋斗目标，提高企业领导和职工降低成本的自觉性，严格控制生产费用，挖掘降低成本的潜力，保证企业成本降低任务的完成，提高企业的经济效益。成本计划的主要内容有：按照生产费用要素确定的生产耗费，编制生产费用预算；按照产品成本项目确定的生产耗费，编制产品单位成本计划和全部商品产品成本计划。

1.2.5.4　成本控制

成本控制是指根据预定的目标，在产品成本形成过程中，通过对成本发生和形成过程的监督，及时发现并纠正发生的偏差，采取措施，使生产经营过程发生的各种消耗和费用支出，被限制在成本计划和费用预算标准的范围内，以保证产品成本降低目标的实现。成本控制一般按成本费用发生的时间先后划分为事前控制、事中控制、事后控制三个阶段。成本控制的目的在于通过成本控制使企业产品成本按照人们事先测算确定的成本水平进行，防止与克服生产过程中损失和浪费现象的发生，使企业的人力、物力、财力得到合理利用，达到节约各项消耗，降低产品成本，提高经济效益。成本控制的主要内容有：控制各种费用开支，控制各项生产经营活动所消耗的物质资料，控制各项生产经营活动。

1.2.5.5　成本核算

成本核算是指根据企业确定的成本计算对象，采用适当的成本计算方法，按照规定的成本项目，严格划分各种费用的界限，并将应计入产品成本的生产费用通过一系列的归集和分配方法,从而计算出各成本计算对象的总成本和单位成本。成本核算既是对生产经营过程中的实际耗费进行归集、分配及其对象化的过程,也是对各种劳动耗费进行信息反馈和控制的过程。成本核算的目的在于通过将实际成本核算资料与计划成本、目标成本的比较,了解成本计划的完成情况,同时为编制下期成本计划,进行成本预测和决策提供资料,并为制定成本价格提供依据。成本核算的主要内容有生产费用的核算、产品成本的计算。

1.2.5.6　成本分析

成本分析是指根据成本核算资料及其他有关资料,运用一系列专门的方法,将本期实际成本与计划或目标成本、上期实际成本、国内外同类产品成本先进水平进行比较,借以揭示企业费用预算和成本计划的完成情况,查明影响预算或计划完成的各种因素变化的原因及影响程度,从而寻求节约费用、降低产品成本的途径。成本分析贯穿于费用发生和成本形成的全过程,有定期分析和不定期分析之分。其目的在于通过成本分析,找出成本费用管理工作中存在的问题,进一步挖掘企业节约费用、降低成本的潜力,从而降低成本,提高企业经济效益。成本分析的主要内容有:全部产品成本计划完成情况的分析;主要产品成本计划完成情况的分析;产品单位成本的分析;技术经济指标对产品成本影响的分析。

1.2.5.7　成本考核

成本考核是定期对成本计划及其有关指标实际完成情况进行的考察和评价。成本考核一般以部门、单位或个人作为责任者的对象,按其可控成本为条件,以责任的归属来考察其成本指标的完成情况,评价其工作业绩和决定其奖惩。成本考核的目的在于通过考察、评价,寻求降低成本的途径,鼓励先进,鞭策后进,进一步完善成本管理责任制,调动各责任者努力完成目标成本的积极性,更好地履行经济责任,提高企业成本管理水平。成本考核的主要内容有各责任单位责任成本的考核和各责任人责任成本的考核。

1.2.6　成本管理的基础工作

基础工作是指为企业各项管理工作提供资料依据、行为规范、基本手段和保证条件的必不可少的先行性工作。现代成本管理的基础工作同样是企业管理的基础工作。完善基础工作是组织现代化生产、做好成本管理工作的依据。企业管理基础工作的好坏,决定着企业成本水平的高低,决定着企业的经济效益。因此,建立现代成本管理体系,必须重视加强和完善成本管理的基础工作。

1.2.6.1　成本管理基础工作的要求

为了完善成本管理的基础工作,一般要求做到以下几点。

1. 规范化

每个工作岗位都要有明确的岗位责任制,各项工作都要规定业务流程,并要提出定量要求。通常要编制流程图,要规定各个环节的工作内容和业务系统的信息联系。流程图使管理职责范围规范化,业务内容条理化。

2. 标准化

生产过程的技术质量和计量检测都有精确的技术标准,一切物化劳动和活劳动消耗都有完整的定额和计划价格目录。成本核算和管理业务也要按照流程图制定工作标准，以使整个管理系统工作标准化，相互协调一致。

3. 统一化

各种报表、台账和原始记录的格式和内容都要统一。要根据本单位的生产组织、产品结构和核算体制，设计一套统一的核算用表，并进行统一分类和编码。

4. 程序化

数据的收集、整理和传递都规定有统一程序和时间要求，并有专人负责，使成本管理工作有秩序地进行。

1.2.6.2 成本管理基础工作的内容

成本管理的基础工作主要有标准化工作、定额工作、计量工作、信息工作、规章制度和职工教育等。标准化工作是一项综合性的基础工作，对加强成本管理、提高经济效益具有十分重要的作用。定额是企业对人力、物力和财力的利用所规定的数量标准，定额管理搞不好，成本就很难控制。计量检测也很重要，计量器具不精确，检测手段不完备，物质资源的流动就会混乱，这将直接影响到成本计算的正确性。及时准确的信息是现代成本管理的先决条件。规章制度的贯彻和职工教育，对于加强成本核算、搞好成本控制和考核成本责任等都非常重要，这都需要加强。

1. 标准化工作

标准化工作是一项综合性基础工作。它包括技术标准和管理标准的制定、执行和管理工作。技术标准是对生产对象、生产条件、生产方法及包装、储运等所规定的应达到的标准。管理标准是关于企业各项管理工作的职责、程序、要求的规定。标准化是一项提高经济效益的技术措施，对加强成本管理、提高经济效益具有十分重要的作用。

2. 定额工作

定额是企业在一定的生产技术条件下，为合理利用人力、物力、财力所规定的消耗标准、占用标准等数量界限。定额是编制计划的依据，是科学地组织生产经营活动的手段，是进行经济核算、提高经济效益的有效工具。制定定额的方法主要有：劳动定额（包括产量定额、工时定额、看管定额），各种材料消耗定额和储备定额，设备定额（单位产品台时定额、单位时间产量定额、设备利用定额），期量标准（节拍、批量、生产间隔期、投入产出提前期、生产周期、在制品定额），流动资金定额（存货定额），管理费用定额（管理费用各项目定额）。加强定额管理工作，就是要建立和健全完整、先进的定额体系，要有充分的技术和经济依据，要采用科学的方法来制定，要随着企业生产技术条件的变化一年修订一次。

3. 计量工作

计量是指测试、检验、化验分析方面的计量技术和计量管理工作。原始记录反映出来的数和量，都是通过计量等手段产生出来的。如果没有健全的计量工作，就不会有真实可靠的原始记录，就不能为成本管理提供正确的核算资料，也无法分清经济责任。因此，企业必须从原材料、燃料等物资进厂，经过生产过程，一直到产品出厂，在供、产、销各个环节上，都要设置准确可靠的计量器具，认真做好计量工作，建立计量管理机构、配备专业人员，提高计量工作水平。

4. 信息工作

信息载体一般包括原始记录、资料、报表、图纸、密码等。企业进行生产经营决策和执行决策,必须加强所需资料数据的收集、处理、传递、储存等管理工作。而科学的信息系统由原始记录、统计分析、经济技术情报、科技档案等构成。灵敏准确的信息是现代成本管理的先决条件。原始记录是记载企业生产技术经济活动情况的最初直接记录。例如,验收入库单、限额领料单、补料单、退库单、考勤记录、工时统计表、工作票、废品单等。原始记录是建立各种台账和进行统计分析的依据,搞好统计工作是管理现代企业必不可少的手段。准确、及时、全面地反映企业生产经营情况及其成果,是对原始记录和统计分析工作的要求。

5. 规章制度

企业的规章制度是用文字的形式对各项管理工作的要求所作的规定,是全体职工的规范和准则。建立和健全各项规章制度,特别是责任制度,是成本管理的一项极其重要的基础工作。企业需要建立的规章制度有三个方面。一是基本制度,如企业领导制度等。二是工作制度,如有关计划、生产、技术、劳动、物资、销售、人事、财务管理、成本管理方面的工作制度等。三是责任制度。它是依据现代化大生产对劳动分工和协作要求制定的,规定着企业每个成员在自己岗位上应承担的任务和责任,以及相应的权力。企业的规章制度很多,但最基础的是岗位责任制,包括工人岗位责任制和干部岗位责任制。建立和健全岗位责任制,应从本企业的实际出发,搞好调查研究,拟订方案,进行试点。然后,总结经验,建立制度,全面推广。规章制度一定要简明扼要,准确易懂,便于执行,切忌烦琐。

6. 职工教育

企业各项工作任务,必须靠人去完成,因此提高职工素质尤为重要。职工教育对各项工作任务的完成具有先导和保证的作用。企业要定期对各类人员进行思想教育、技术业务教育、职业道德教育,这是提高企业整体素质的关键。

1.2.7　成本管理制度体系

在市场经济条件下,国家不再对企业进行直接管理,而主要是实施间接管理。在成本管理方面,一般是通过制定有关成本方面的法规制度等来进行。由于国家有关部门建立的宏观成本管理体系内容较多,且分散在不同的相关法规制度中,为建立统一的成本管理制度体系带来了不利。因此,在建立宏观成本管理体系时,制定法规管理制度的各部门应相互协调、彼此配合,使宏观成本管理体系更加科学和严密。

1.2.7.1　国家宏观成本管理体系

国家宏观成本管理体系所包括的法规制度主要有如下几个层次。

1. 会计法

会计法中有关成本管理的规定是制定其他成本法规制度的法律依据。在会计法中,虽然没有直接对成本问题做出相应的规定,但其中有关费用开支的规定也是成本管理体系所要遵循的。在制定其他有关的成本法规时,应使其符合会计法的要求。

2. 企业会计准则和企业财务通则

企业会计准则和企业财务通则(以下简称“两则”)是制定成本管理规定的具体指导

原则。在制定成本管理规定时,应符合“两则”的规定。如果各有关部门制定的成本管理规定与“两则”的规定不符,应对其进行调整,使其符合“两则”的要求。

3. 具体会计准则和会计制度

具体会计准则和会计制度是成本管理体系中的具体操作规则,据此可制定成本管理的各项具体操作规则、程序和方法,并进行相应的账务处理和成本核算。企业在设计成本管理体系时,特别是其中的具体操作系统时,应根据具体会计准则和会计制度进行。只有这样,成本管理体系输出的成本信息才具有真实性和可比性。如果各企业都不按这样统一的要求进行成本管理,势必影响成本指标的真实性和可靠性。

4. 国家及地方制定的各种税收法规

企业在制定成本管理的规章制度时,还应注意到各种税收法律法规问题,税法的有关规定对于企业成本管理也有着十分重要的影响。例如所得税法,它对企业哪些支出应计入成本费用,哪些不能计入,哪些费用属于收入性支出,哪些支出属于资本性支出都有明确的规定。由于税收的种类较多,不同的税种在企业列支的渠道也不一样,因此税法对企业成本管理体系有着十分重要的影响。

5. 其他相关法规政策

会计法、“两则”、具体会计准则和会计制度、税法等法规对企业成本管理体系的影响是直接的,除此之外,国家有关部门还根据经济建设发展的实际情况,制定各项有关的法规,其调整的范围可能较广,但其中有许多都是与成本管理关系较大的,因此在企业的成本管理工作中,也应遵守这些相关的法规政策。

1.2.7.2 企业内部成本管理体系

成本管理的重点在企业内部,因此企业内部成本管理体系是否完善,直接关系到成本管理体系能否真正发挥作用,能否达到成本管理的目的。在一般情况下,企业内部成本管理体系应包括以下几个层次。

1. 成本管理制度

企业内部应根据国家有关部门颁布的成本管理法规和制度,结合本企业的具体情况,制定出适用于本企业的成本管理制度,并以适当的形式发布,要求有关部门和人员遵照执行。由于企业成本管理工作涉及的部门和人员较多,因而需制定的成本管理制度也比较多。从重要性的角度出发,可将费用比重较大的项目制定出相关的制度,其余的可作总体说明。

2. 成本核算制度

企业应根据其生产的特点及管理的要求,制定出适合于本企业的成本核算制度,包括成本费用归集的基础工作、费用的归集方法、费用归集的程序、费用的分配方法、成本计算方法等。据此计算出产品的总成本和单位成本以及期间费用,为计算企业的盈利及进行成本预测、决策和分析等提供成本费用资料。

3. 成本费用的责任制度

在建立了现代企业制度的企业内,建立明确的责任制度,即遵循权责利相结合的原则。以企业内部各单位为基础,建立责任成本制度,将成本费用指标分解,落实到各责任单位,并将其与各责任单位和责任人的经济利益挂钩。企业内部除要有各项规章制度外,还应将其落实到具体的责任单位。如果企业内部只有各项规章制度而没有责任制度，各项规章制度就只能是一句空话，得不到具体的贯彻落实。

4. 成本费用的考核制度

对各责任单位成本费用的执行情况应进行考核，考核制度是建立成本费用考核体系的重要内容，应采用各项指标对各责任单位的成本费用执行情况进行考核，并据此对各责任单位的工作业绩进行评价。成本费用的考核制度与成本费用的责任制度是密切相关的，考核其实就是将各责任单位实际完成的各项指标与其责任指标相对比，考核各项责任指标的完成情况。

5. 成本管理的分析评价体系

为了充分发挥成本管理体系的作用，检查成本管理体系运行的效果，应定期和不定期地对成本管理体系运行的结果进行分析，并且利用考核所得到的各种指标，评价该系统的优劣。为了便于评价，可制定出考核指标或标准，如计算产值成本率、成本利润率、主要产品单位成本、全部产品总成本、可比产品成本降低率等指标，并据此对成本管理体系进行评价，发现系统存在的问题及不足，应及时提出解决问题的办法和措施，使成本管理体系得到进一步地完善。

1.3　企业成本管理系统

现代企业观念下的成本管理模式以作业作为管理的起点和核心，实施成本管理的各项职能，形成高效运行的成本管理系统。

1.3.1　成本管理系统的构成要素

成本作为独立的经济范畴，反映了生产经营活动中资金耗费与价值补偿的辩证统一关系。企业的生产经营活动是资本营运与生产流通过程的统一体，围绕着价值形成这一中心环节，一般有资本筹集与投入，技术开发与产品设计改造，设备购置、使用与维护，生产资料采购与存贮，生产组织调整及工艺加工，生产管理以及营销等生产经营活动，每项生产经营活动都由若干作业完成。每项作业的完成都需要耗费一定数量的资金，也都需要获得相应的价值补偿，若干作业构成一定价值形态的最终产品或劳务，每项作业的发生由若干成本动因所驱动，为了全面计量和评价每一生产经营活动及其成果的资金耗费水平和效率，需要构建生产经营过程动因成本管理系统、作业成本管理系统和最终产品（劳务）成本管理系统等三个成本管理系统的子系统，每一个成本管理子系统又按其生产经营活动特征建立不同的成本指标体系，例如资本成本、研究开发成本、设备使用成本、物资采购与存贮成本、产品制造成本、生产管理成本、营销成本、售后服务成本等。在成本核算中，上述成本归属于不同的成本费用范围，如财务费用、管理费用、销售费用、生产成本、材料成本等，但在管理上都应纳入成本管理系统，形成以作业价值链为形式的具有一定联系的有机整体。成本管理的实质，就是在成本管理系统中，通过对各个层次上有关资金耗费信息的接收、传递、变换加工、存贮和反馈的过程，运用系统分析和控制的方法，力求达到系统的均衡和协调，使整体系统处于发展中的最佳状态。

1.3.2 成本管理系统的性质

成本管理系统具有一般经济系统的基本性质,主要包括以下几方面。

1.3.2.1 集合性与关联性

成本管理是在管理者的组织与协调下,通过各种管理职能,有效地配置人力、物力、财力等经济资源,对资金耗费的及时控制。成本管理系统如同其他生产经营管理系统一样,都是"人"(成本管理者)、"物"(经济资源,工具设备,资本)和"事"(任务信息、规章制度)三大要素的集合体。失去任何一个要素,系统便无法正常运行。在生产经营活动中,从实物形态上看存在着投入产出关系的物资流,其价值表现就是资金流,它们表现为占用和耗费两种形态。资金运动以资金占用形态的转化为表现形式,以资金耗费为必要条件。因此,资金流的运行就决定着资金占用与耗费信息的内容,从而表现出成本管理系统内各构成要素的技术性联系。信息流的运行又通过管理职能的实施,支配着资金流的运行方式及所要求达到的目的,从而表现出成本管理系统内各构成要素的经济性联系,成本管理系统正是各构成要素之间的技术性联系与经济性联系的统一体。

1.3.2.2 层次性

成本管理系统按资金耗费过程的时空关系,可逐级分解为不同的构成内容和不同的层次,直至分解为系统的基本构成要素。

从资金耗费的空间关系上看,按照价值链形成过程的次序,有动因成本管理、作业成本管理和最终产品(劳务)成本管理等层次,按照企业的生产组织形式,有班组成本管理、车间工序成本管理和厂级成本管理等层次。

从资金耗费的时间关系上看,按照资金运动过程的次序,有资金筹集和投入过程中的成本管理系统,包括筹资成本管理、投资成本管理、技术开发成本管理、产品设计与改造成本管理等,资金使用过程中的成本管理系统,包括设备使用成本管理、生产成本管理等,资金收回过程中的成本管理系统,包括销售成本管理、市场开发成本管理等。

1.3.2.3 总体性

成本管理系统是在生产经营活动中通过对资金耗费状况的控制,力求企业综合经济效益最优的有机整体。离开这个整体,对任何个别生产经营环节或某个局部上的成本管理往往会顾此失彼,使降低成本的潜力受到限制。同时,单纯追求某一生产经营环节或局部上的成本最低,由于其他各个环节上资金耗费的制约作用,企业整体经济效益也不可能最优。因此,必须从成本管理系统的总体利益出发,兼顾和协调各个局部的成本行为,在局部服从整体的原则下,充分发挥成本管理系统的整体功能。

1.3.2.4 目标性和可控性

成本管理系统具有与企业经营管理一致的目的,即力求以最少的资金耗费去取得最优的经济效益。由企业生产工艺特点、生产组织形式、生产类型和生产规模所决定,不同企业的成本管理系统内各构成要素之间具有一定相互影响和制约的关系,在这种关系的作用下,资金耗费发生状况及结果都具有一定的规律,根据企业的生产经营特点,掌握其资金耗费的规律,成本管理系统是可以被控制的。

1.3.3　成本管理系统的功能

成本管理系统具有预测、决策、计划、控制、核算、分析、考核等一系列基本管理功能。它们各自发挥着特定的作用,并以生产经营过程中的成本控制为核心,依靠成本信息的传递和反馈结合为一个有效运转的有机整体。在成本管理系统中,各方面的管理功能有着一定的内在联系。

成本预测和成本决策是依据企业生产经营现状、历史成本资料以及预计在未来时期企业生产技术经济条件发生变动的可能性和程度,结合管理人员的经验和判断能力,针对生产经营决策中的某个具体问题,对未来成本发展趋势以及可能采取的经营管理措施所作的逻辑推断和定量描述。成本预测和决策是对企业成本的事前控制,它是企业对重大经营方针做出决策,制订企业成本计划并保证得以实现的科学依据。

成本计划是依据对某一时期成本发展趋势的预测和决策,结合企业整体生产经营计划而制定的成本管理目标。计划成本是考核企业成本水平的一项重要经济指标。以计划成本为指导,企业根据各生产经营环节、各级生产单位的具体情况制定分解各自的定额成本(标准成本)和责任成本,作为实施成本控制的标准,并通过成本控制保证成本计划的实现。

成本控制是对生产经营活动中资金耗费的监督和调节行为。在管理人员的干预下,不断调节生产经营过程中的物化劳动和活劳动的实际耗费与成本控制标准之间的偏差,促使劳动耗费的节省和成本的下降。成本控制是成本管理系统的核心功能,成本失控将阻碍整个成本管理系统的有效运行。

成本核算实质是对生产经营活动中有关资金耗费及产生的劳动成果的数据进行汇集、归类、加工和转换为成本信息的一种信息处理过程。它为如实反映成本管理系统的运行过程和结果,以及对成本的分析考核提供了资料。

成本分析与成本考核是对影响企业成本变动的各种技术经济因素及其影响程度做出定量的描述和定性的说明,它既为下一时期的成本预测和成本决策提供了新的数据依据,同时也对前一时期的成本计划执行情况做出了全面的总结,以反映企业成本管理水平,并对企业内部各级单位成本管理的成绩或失误进行责任奖惩。

1.3.4　成本管理系统与环境的关系

任何系统都处于一定的环境之中,系统与环境之间存在物质与信息的交换,系统在环境的制约之下生存与发展,同时,系统的发展又为变革环境创造一定的条件。认识成本管理系统与其环境之间的关系,是分析成本管理系统性质的重要方面。

就一个独立的企业组织而言,企业经营管理系统是成本管理系统存在的第一层环境。企业为了达到其生产经营的目的,必须对生产经营活动实施全面有效的经营管理,为此而建立的经营管理系统由产品研究开发管理、生产工艺技术管理、设备管理、物资管理、生产计划管理、质量管理、人力资源管理、财务管理和成本管理等系统所构成。各方面的管理因各自管理的对象和采用方法不同有着自身的特点和内容,同时相互之间又存在密切的内在联系,从而形成具有一定管理功能的整体。企业成本管理系统与企业经营管理系统有着相互影响和制约的关系。一方面,企业经营管理的各方面状况,如产品研究开发的成功与失败、生产工艺技术的先进程度、设备使用状况、质量水平的高低、生产组织的合理性等都是制约企业成本水平不可忽视的重要因素;另一方面,成本管理水平的高低又对企业生产经营状况产生重要影响。在一定的生产经营条件下,如果企业生产耗费的个别劳动最大限度地低于社会必要劳动,则企业不仅能为社会发展作出较大贡献,而且也能从盈利水平的提高中为企业发展增加积累和投入。由此可见,成本管理作为企业经营管理系统中的一个管理分系统,不仅企业各方面的生产经营活动的质量和效果都可以从资金耗费及其价值补偿的矛盾运动中得到反映,同时通过强化成本管理职能,合理地协调和控制资金耗费过程,又可以对企业各方面的生产经营活动起到积极的促进作用,是企业努力提高经济效益的有效手段。

就整个国民经济而言,社会经济系统是成本管理系统存在的第二层环境。随着社会主义市场经济体制的建立与完善,社会生产、分配、交换和消费的总体规划,市场需求状况,宏观经济结构的调整,有关经济政策的变更以及经济法制体系的建设等,都对企业的成本管理产生一定的制约作用。因此,社会经济系统是企业成本管理的外在条件,企业成本管理是社会经济系统运行的基础。

从成本管理系统与其环境关系的分析中可知:其一,成本管理系统与环境是局部与整体之间的辩证关系,局部利益服从于整体利益,目前利益服从长远利益,个别企业利益服从社会经济效益是处理系统与环境关系的基本原则。其二,社会经济系统和企业经营管理系统运行状况对成本管理系统的有效运行有制约作用,即存在某些成本管理系统自身不可控制的因素;但成本管理系统对环境也具有一种主动的适应能力,在成本管理人员的控制与协调下,有效的成本行为不仅能迅速地调节自身的状况以适应环境的变化,而且在一定条件下,也可以通过自身状况的改变与优化影响和改造环境,以获取自身的生存与发展空间。

第 2 章　煤炭企业成本核算

近年来,煤炭企业通过兼并重组等方式实现了由过去比较单一的煤炭生产到煤炭、化工、有色金属、装备制造、物流贸易、建筑矿建、现代服务等产业相关多元发展的企业,这就赋予了煤炭企业生产特点及其成本构成具有多样性。本章主要以煤炭生产、装备制造等产业为例进行论述。

2.1　煤炭企业的成本构成

2.1.1　煤炭生产特点

煤炭生产是从自然界直接挖掘资源,煤炭生产是地下作业,生产环节多,工作地点不断移动,劳动强度大,劳动组织复杂,是多工种、多工序的连续性作业和多环节的综合性作业。煤炭生产有较大的危险性。生产条件变化大,经常受到地下水、火、瓦斯、煤尘、地温、地压等地下自然灾害的威胁,易发生各种安全事故。生产过程中运输环节多。煤炭生产过程是大量煤炭、岩石的转移过程,从采掘工作面、大巷到井筒,提升运输环节多、费用高。煤炭生产是井下资源开采作业,生产场所不断移动,受自然条件影响很大,煤炭赋存的地质条件不同,生产工艺过程有较大的区别。煤炭生产投资大、周期长,生产准备需要花费较长的时间。煤炭生产一般分为掘进、回采、井下运输、通风、排水、井巷、设备维修、筛选加工、其他生产过程。露天矿生产一般分为剥离、排土、运输、线路维修、设备维修、排水、筛选加工和其他生产过程。具体有如下特点。

2.1.1.1　劳动对象是自然资源

煤炭生产直接以自然界客观存在的煤炭资源为劳动对象。因此,煤炭企业生产中所消耗的原材料较少,绝大多数是辅助材料。

2.1.1.2　具有特殊的生产流程

煤炭生产需要经过井巷建设、井下开采、地下运输以及地面运输才能将煤炭产品生产出来。煤炭生产的起点是通过煤田地质勘探发现煤炭资源赋存区域,进一步确定煤层的可采储量,之后进行巷道挖掘建设,地下原煤运输通道和地面煤炭产品运输线路的建设,地下原煤开采,地面原煤洗选,向客户提供煤炭产品等。其生产流程大致如下。

1. 煤炭资源地质勘探

煤炭资源地质勘探是根据前期地质勘探获取的煤层赋存地质条件和煤炭产品形成的技术工艺流程特征,进一步进行煤田地质勘探和矿井地质勘探。

煤田地质勘探是指国家或者煤炭开采企业依靠对地质条件的估计和判断,对可能存在煤炭资源的区域进行一定范围的地质勘查和地球化学、物理勘探,对基本确定具有煤炭储量的少数区域实施探井钻探并开展地质状况的综合研究与开发,并对所发现的煤炭资源是否有进一步地质工作价值做出判断，其任务就是寻找煤炭资源，这是煤田地质勘探的初始阶段。发现煤炭资源后，对所发现的煤田进行评价，查明已发现煤田的可采煤层风化带，评价可采煤层煤质变化程度，估算可采煤层的资源储量，对煤炭赋存情况进行地质勘探评价以及进行综合效益估计与分析，为煤炭资源开发方案设计做好前期准备。在前期资料准备的基础上，查明井田边界构造；查明可采煤层层位及厚度变化；查明可采煤层的煤类、煤质特征及其在先期开采地段范围内的变化；详细查明井田水文地质条件，评价矿井充水因素，估算先期开采地段涌水量，预测开采过程中发生突水的可能性及地段，评估开采后水文地质、工程地质和环境地质条件的可能变化，评价矿井水的利用可能性及途径；详细研究先期开采地段和初期采区范围内主要可采煤层顶底板的工程地质特征、煤层瓦斯、煤的自燃趋势、煤尘爆炸危险性及地温变化等开采技术条件，并做出相应的评价；调查老窑、小煤矿和生产矿井的分布和开采情况，划出其采空范围，对老窑的采空区应尽可能地控制，并评述其积水情况，详细调查生产矿井和小煤矿的涌水量、水质及其动态变化，分析其充水因素；估算各可采煤层的探明资源储量。

矿井地质勘探的主要任务是新井开工前查明井筒、井底车场、主要大巷所在位置的地质情况及水文工程地质情况；新水平开拓区设计前，查明地质构造、煤层及水文地质情况，提高勘探程度和储量级别；开采过程中解决工程中所遇到的地质问题。相对于煤田地质勘探而言更具有针对性，完全是为采掘生产服务的。

2. 煤炭资源开发

煤炭资源开发主要由井巷工程和采煤工程等来完成，井巷工程是采煤工程的前提。

井巷工程。井巷工程的作业对象是巷道。巷道建设将会发生大量的矿建、土建工程，结合静态资料研究，确定巷道设计方案，优化巷道设计，同时通过主井井筒钻孔冻结和掘砌、井底车厂巷道及硐室建设、运输巷以及回风巷建设、采区巷及硐室建设来了解煤炭资源地层、地质情况和等高线曲率、断层条数、巷道建设区域、周边水源疏密程度等。针对相对稳定的煤炭资源可采煤储量及储层类型实施采煤巷道工程。

采煤工程。主要包括煤炭资源开采过程中有关煤炭资源开发的矿区设计作业、矿井设计作业、井底采煤工艺流程作业、试生产及矿井质量检测工艺流程作业、煤炭产品生产、井下巷道修理、井下提升运输等采煤工程实施方案的设计。实施采煤工程作业是煤炭开发主体实施煤炭资源开发的前提和基础，同时，采煤工程是决定矿井生产能力大小、高采收率和高回采率开发、矿井服务年限和矿井生产效益高低的关键。

煤矿矿井完井。主要是指煤炭企业打开煤炭生产层和煤炭资源开采目的层之后，矿井开始投入生产运营，逐渐将煤炭的可采储量转化为煤炭产量的过程。这标志着煤矿矿井建设工程结束，矿井采煤工程设计开始，对井巷工程和采煤工程具有承前启后的作用。因此煤矿矿井完井直接关系到矿井的工程质量和有效性，是煤炭企业进行煤炭产品生产的基础，是煤炭资源开发设计方案的正确执行和煤矿矿井建设最终经济效果的有力保证。

煤炭集运。煤田各矿井生产的原煤产品，经煤炭质检和计量后，在运销部门收集汇总，再输送到洗煤处理厂或者直接进入运输干线的全过程总称为煤炭集运。

3. 煤炭资源的持续勘探开发

虽然煤田资源状况经过了预测勘探、重点预探、详细勘探以及精确勘探四个阶段，基本上探明了煤田的赋存地质情况和禀赋特征，但是储存煤炭资源的区域被划分成矿区后，各矿区开采煤炭资源所依附的地质条件差异比较显著，煤炭资源的实际储量经过相当长时期的探测才能探明。有些煤炭资源聚集区域，在煤炭资源开发若干年后，仍有新的可采煤炭资源储量被发现，这就要求煤炭企业在煤炭资源开发过程中始终贯穿勘探作业。煤炭资源的持续勘探开发可以使煤田开采者逐步掌握储量和产能双重信息，在煤田开发过程中，采用持续勘探开发方式很可能会发现新的储量并转化为产能，可以延长新建矿井的服务年限，提高了矿井生产能力和经济效益。

2.1.1.3　煤炭资源的赋存状况对煤炭企业影响很大

不同蕴藏量的煤炭资源，其开采的难度差别很大，所需投入的劳动耗费甚为悬殊，同时，非再生性自然资源随开采量的增加、储量的下降，开采难度随之增加，所需生产耗费也愈来愈高，因而不同地区和不同开采期所开发的矿产品成本差别较大。

煤炭企业生产对象是相对稳定的可采煤层。可采煤层是煤炭资源开采的基本物质条件，煤炭企业生产的产品与其他工业企业生产的产品显著不同，煤炭企业的产品是天然形成的，可以直接进入市场进行交易；其他工业企业生产的产品大部分需要经过包装等工序才能进入市场直接交易。矿井经过巷道建设、采煤工程以及完井工程后，才能获得煤炭资源的可采储量。煤炭企业的生产能力取决于煤炭资源相对稳定的可采储量。相对稳定的可采储量是以最小可采厚度为基准，以经济环境和工人健康忍耐程度为依据确定的。煤炭的可采储量作为生产对象逐渐被煤炭企业挖掘出来，然后通过价值流通通道转化为资本，煤炭企业再将资本通过购买采矿权和探矿权获得相对稳定的可采储量，煤炭可采储量是煤炭企业可持续发展的基础。

煤炭资源具有递减性。资源耗竭理论表明矿产资源是不可再生能源，煤炭企业的生产对象是煤炭矿产资源。煤炭资源产量会随着开采而减少，煤炭的可采储量、开采的规模以及煤炭产量逐渐递减直至耗竭为止。这样煤炭企业就很难保证煤炭的有效供给。煤炭资源的地质赋存条件及其各项质量指标是决定煤炭开采是否盈利、能否开发利用的主要条件。煤炭企业发展的不平衡性在其产业中表现得十分突出。煤炭企业面对资源枯竭和开采技术达不到的压力，要考虑发展接续产业成本。

2.1.1.4　煤炭开采受资金制约性较强

首先，煤矿开采环节复杂，矿井建设投资大、周期长、见效慢，煤炭企业面临资金短缺的压力和机会选择。同时，煤炭企业在开采的过程中，随着开矿量的减少及开采对象的耗竭消失，矿井需要不断地向外围扩展或向深部延伸，包括露天矿的剥离和井下的开拓延伸，以开辟新的作业场所弥补耗竭的储量。当煤矿全部采完，需要重新基建、延续或接替生产能力，需要持续不断地投入基本建设性资金。其次，煤炭企业的效益具有后续传递性。煤炭是基础资源，属于初级产品，煤炭企业的效益向后续加工业传递。煤炭开采的价值体现在后续产业发展上。最后，煤炭企业又是环境制约型产业。煤炭开采过程中排放的瓦斯、煤炭在储、装、运过程中的粉尘飞扬会对大气造成污染；煤炭开采使地表土地塌陷、水土流失、土地沙漠化，固体废弃物占压和污染土地会对土地造成破坏；地面塌陷还会对地面的建筑物、构筑物造成破坏等都决定了煤炭开采会对环境造成严重破坏，这决定了煤炭行业需要比其他行业投入更多的环境保护和治理支出。

2.1.1.5　煤炭开采具有高风险性

因为煤炭企业作业对象是深埋在复杂底层构造下的煤炭资源可采储量。它与其他工业企业产品生产过程相比有以下特征：一是煤炭资源深不可见，地质构造环境比较复杂；二是煤田地质勘探数据获取难度较大；三是漫长地质年代的变迁形成煤层赋存的地质条件复杂；四是煤田地质勘探技术有限，难以完全解决煤炭开采的实际问题；五是煤藏演变规律比较复杂，人类认识能力有限。这些因素的客观存在使煤炭企业附上高风险的特征。另外，煤层储量的开采具有阶段性和连续性，勘探、采煤、采掘、通风、提升、运输等环环相扣，稍有一个环节失灵极可能造成人员伤亡。现阶段探明的储量及其使用价值只能反映人类对自然认识的有限性。随着地质工作的不断深入和科学技术的不断进步，人类对煤炭资源的开发力度和深度将不断拓展。

2.1.1.6　需要大量的资源维护费用

随着资源储量的下降，为保证一定时期稳定的产量，必须采取资源维护措施，由此而产生的维护费等都应计入产品制造费用成本之中。

2.1.1.7　产品种类较少且生产过程较为单一

煤炭企业的产品，其种类因矿区资源分布和结构而异，通常产品种类较少。有时也会同时开采共生的矿产品，但相对而言，种类较少。生产过程单一，一经开采即成为产成品，一般情况下不存在期末在产品或中间生产步骤上的自制半成品，生产过程较为简单。

2.1.1.8　辅助生产具有重要地位

煤炭企业虽然生产过程单一，但需要各方面的劳务供应，需设置较多的辅助生产部门，才能保证生产的正常进行，如通风单位、井下维护作业单位、井下井上运输单位、机械维修单位、供水单位、供电单位等，因此要重视辅助生产费用方面的核算。

2.1.2　煤炭生产企业的价值链分析

企业每项生产经营活动都是创造价值的经济活动，那么，企业所有的互不相同但又相互关联的生产经营活动，便构成了创造价值的一个动态过程，称之为价值链（Value Chain）。价值链这一概念是由美国哈佛大学迈克尔·波特（M. E. Portre）教授提出的。为了满足管理当局的需要，应从不同层次进行价值链的研究。从最终顾客的视角进行价值链的分析应以产品或服务间为开始点，向下追溯（下游）到最终顾客，向上追溯（上游）到原材料。价值链分析的第一步就是确定行业的、企业的价值链，并将收入与资产分摊到价值链的各种活动中；第二步是确认各活动的成本动因，也即分析导致各价值活动（作业）的成本元；第三步是通过控制成本动因或重新优化价值链，构建具有自身特色的价值链，以取得竞争优势。企业除了分析自身价值链外，还要分析竞争对手的价值链，从而达到知己知彼、洞察全局的目的。

煤炭企业的价值链是由煤炭企业从煤矿地质勘探工程材料采购开始到煤炭产品销售给最终用户的一系列价值创造的作业构成的。煤炭企业的价值链可以分为外部价值链和内部价值链。

2.1.2.1　煤炭生产企业的内部价值链分析

企业内部价值链分析的目的，就是找出最基本的价值链，然后分解为单独的作业，并根据其战略目标进行价值作业之间的权衡、取舍、调整，以降低成本、增加价值。

企业生产经营中的作业可分为两大类：一类是可增加价值的作业，如产品的设计、加工制造、包装以及营销方面的作业；另一类是不增加价值的作业，如与各种形式的存货有关的作业（如存货的储存、维护、分类、整理等）和原材料、在产品、半成品、产成品等因质量不符合要求进行加工、改造而形成的追加作业等。因此，并不是所有作业的实施都能最终使顾客价值增加。可见，要优化价值链，首先要尽可能消除所有不增加价值的作业；同时，对可增加价值的作业，也要尽可能提高其运作效率，使企业能通过最经济、有效的方式满足顾客需要，从而最大限度地优化价值链。通过优化价值链尽可能提高顾客价值，是提高企业竞争优势的关键。

价值链中的每一项活动都承担一定的成本，都会占用企业的一部分资产。将企业的经营成本和资产在价值链的每一项活动中进行分配可以估测出每一项活动的成本。一般来说，活动之间都有联系，所以，一项活动的展开方式往往会影响另一项活动展开的成本。例如，产品设计作业不仅影响生产的成本，还与服务作业相联系。产品零部件越少，产品发生故障的可能性就越小，售后服务的成本也就越少。因此，通过企业内部价值链分析，企业可以识别各项作业及其联系，并利用这些联系降低成本、增加价值。在现代市场经济中，为实现企业内部价值的优化，企业必须以高新科技为基础，运用与之相适应的先进的管理形式，有效地消除不增值的作业。例如，实施“适时生产系统”，在企业生产经营的各个环节上力求“零存货”；实施“全面质量管理”，在原材料、外购件的供应，在产品、半成品、产成品生产的各个环节上力求“零缺陷”，就可基本上达到这一目的。

煤炭生产企业的内部价值链是外部价值链的起点和落脚点。外部价值链对煤炭企业的作用最终要靠内部价值链条加以实现。

煤炭企业的生产经营活动主要是煤炭资源的形成，寻找适合不同地质条件的作业方法进行开采，使储量变成产量，必须要按照安全→通防→机电→掘进→运输→筛选→入仓→外运这一流程进行煤炭开采作业，明确每个作业环节（岗位）的职责范围、服务对象和服务内容，对于职责范围和服务内容交叉重复的进行相应地整合，重新界定行政管理（区队）归属，保证服务对象清晰，区域岗位不交叉重叠。对相同或相近的岗位进行合并，将相近的自然岗整合为单一的工序段。实际上，采煤是煤炭生产的核心业务流程，所有的其他业务流程都是直接或间接为采煤业务流程服务的，掘进这一业务流程也是为采煤业务流程服务的。在辅助业务流程中，安全这一业务流程最重要，它是确保其他所有业务流程得以顺利进行的前提条件。

煤炭生产企业要想生产出煤炭产品必须要进行主作业及辅助作业，这也是煤炭企业与一般制造业的差别所在。主作业包括采煤工艺流程和掘进工艺流程中的作业。一般来说，采煤工艺流程包括落煤、装煤、运煤等作业。掘进工艺流程的作业具体可分为打眼、装药、连线、放炮、装矸石、运矸石、支护等作业，这些作业耗费的资源形成煤炭产品的基本生产成本，煤炭开采伴生产品——矸石的出现影响周围环境，为改善环境需要投入一定的费用，这影响着煤炭企业成本的构成。辅助作业主要包括通防、机电和安全等工艺流程中的作业，如机电工艺流程中搬运工艺中的作业（包括煤炭、矸石、人员及各种材料、设备的运输，矿井动力供应与排水维修等作业），保证了煤炭企业内部价值链条的运转协调。

煤炭生产企业内部价值链及外部价值链条的对接和实现，保证煤炭企业使资本投入不断地转化为储量，再由储量转化为产量，产量通过价值流通逐渐转化为价值。

2.1.2.2　煤炭生产企业外部价值链分析

企业外部价值链分析也即产业价值链分析。产业价值链分析的目的，就是将企业与供应商和顾客的关系视为内部价值链的延伸，通过促进企业与供应商和顾客之间的合作伙伴关系，从而获得独特的竞争优势。

一个企业的成本竞争力不仅取决于该企业的内部活动，而且还取决于一个更大的活动体系。在这个更大的体系中，包括有企业的上游供应商的价值链，以及涉及将产品送至最终用户的下游客户或联盟的价值链。企业外部价值链分析就是从战略上明确企业在产业价值链中的位置，分析自身与上游（供应商）、与下游（分销商和顾客）价值链的关系，充分利用上游与下游价值链活动，促进成本的降低，调整企业在产业价值链中的位置与范围，把握成本优势。因此，在战略成本管理中，往往突破企业自身价值链，将企业价值链的分析延伸到企业之外，向上延伸到与供应者协作，向下延伸到与顾客协作。在每一个产业中，企业本身就位于这一产业价值链的某个阶段。把企业置身于产业价值链中，从战略高度进行分析，是否可以利用上、下游价值链进一步降低成本或调整企业在产业价值链中的位置及范围，以取得成本优势。

外部价值链强调这样一个事实：企业必须了解整个价值系统，而不只是了解参与竞争的价值链部分。有效的战略成本管理要求对外部予以关注。一个企业要建立持久的竞争优势，就不能忽略与供应商和顾客的联系以及他们的期望。从企业的外部价值链中，我们可以弄清楚企业在外部价值链中的位置，并以此为起点分析上下游价值链，开发利用与供应商和顾客的联系，从而有助于企业调整其价值链结构，提高整体的盈利能力。

外部价值链分析有助于合作伙伴通过研究他们共同的价值链发现共同的机会。供应方的工程师只要对购买者的技术规格稍加修改就可以大幅度地降低供应商的制造成本，其结果是导致购买者的加工成本略有增加。通过共同工作，双方可以确定降低总成本和分享增加利润的最佳工艺流程的改进方法。

价值链分析最重要的应用是揭示企业与竞争对手相比的相对成本地位，所需要做的工作就是对每个竞争对手进行成本比较。其中，该成本是各个竞争者为向一个界定清晰的消费群或者细分市场提供产品或服务而产生的。一家企业的成本优势或劣势的规模可能随各种产品的不同而不同，可能随消费群的不同而不同，也可能随地域市场的不同而不同。

煤炭生产企业的外部价值链一端是煤炭企业向上游供应商采购原材料的一个通道，这个通道保证煤炭企业生产过程的必要物质材料；另一端则是煤炭企业可采储量转化为产量之后通过市场流通供应给客户的一条通道，这是保证煤炭企业经济效益实现的根本，在外部价值链流转过程中涉及两种成本，即原材料采购成本、产品销售成本及相关税费。煤炭生产单位从人力资本、原料及动力市场购买生产资料需要投入劳务成本、勘探成本、材料及动力成本，原材料成本最终流转到库存煤炭产品中去，库存煤炭通过销售业务流程进入商品流通市场供应客户，煤炭企业实现价值补偿及增值。

2.1.3 煤炭生产企业成本特点

由于生产特点的不同,企业产品成本的特点也不同。煤炭企业属于地下开采业,成本构成复杂且变化大,与其他产品相比,具有如下特点。

2.1.3.1 原材料不构成产品实体

用于煤炭开采的主要是辅助材料消耗,如木材、坑木代用品、大型材料、专用工具等都不构成产品实体,可以多次地进行回收复用。

2.1.3.2 辅助费用高

煤炭生产受地质构造、储存条件、储量、品位等条件限制,煤层埋藏的深浅、煤层的厚度、顶底板的好坏、地质构造的复杂程度等都对煤炭生产成本有直接影响,生产中辅助费用高。

2.1.3.3 安全成本较高

为了避免水、火、瓦斯、煤尘、片帮、断层、冒顶等事故的发生,保证生产的正常进行,安全保护费用,如通风、排水、防火、照明、防尘等支出较高。

2.1.3.4 地质条件影响成本

通过地质勘测,探明地质构造和煤炭储量、煤层结构,进而确定可采与不可采,有的煤层还要做产前疏干水的准备。由于受地质条件及构造影响,不同的矿井煤层开采难度、工艺过程都有所不同,采煤方法的选择、工作面布置、设备配备、机械化程度等都影响成本水平。

2.1.3.5 活劳动消耗多,人工成本比重较大

由于主客观原因,煤炭开采业在我国一直是劳动密集型企业,普遍用人多,效率相对比较低,同时,因工作环境恶劣,工人劳动强度大,服务年限短,因而各种补贴、津贴较高,工资成本约占总成本的30%,列全国各行业的首位。

2.1.3.6 采掘并举,掘进费用对成本影响较大

实践证明,保证采掘的适当比例关系,是煤矿稳产、高产、降低成本、提高经济效益的途径之一。

2.1.3.7 生产组织和企业成本管理比较复杂

由于煤炭生产的全过程遍布井上井下,点多、面广、线长,并且大部分在井下,因此生产组织和企业成本管理非常困难。除成本固有的特殊性外,还有物价上涨、员工收入增加等客观增支因素也是成本增加、居高不下的主要原因。

2.1.3.8 需要支付环境治理与弃置费用

煤炭生产对环境造成的不利影响较大,对环境治理需要较高支出。如采空区复原等。

2.1.4 煤炭生产企业成本构成

煤炭企业为开采煤炭付出的生产要素组合就成为煤炭企业成本的构成要素。具体内容包括煤炭开发成本、煤炭资源成本、煤炭生产成本、煤炭安全成本、煤炭环境成本、煤炭产业接续成本以及价格调节成本等几个方面。

2.1.4.1　煤炭开发成本

煤炭开发成本主要包括三类:第一类是地质勘探成本;第二类是矿区设计成本;第三类是矿井建设成本。

1. 地质勘探成本

地质勘探成本是指与地质和地理作业相联系的费用和支出。根据煤田地质工作的特点和煤田地质勘查与煤炭工业基本建设程序相适应的原则,煤田勘查划分为找煤、普查、详查、精查四个阶段。找煤阶段就是寻找煤炭资源,并对勘探地区有无进一步的工作价值做出评价;普查阶段就是对工作地区有无资源开发价值做出的评价,为矿区建设和下一阶段的勘查工作提供资料;详查阶段是为矿区建设开发总体设计提供地质资料,并对影响矿区开发的水文地质条件和其他技术条件作出评价;精查阶段是为矿井初步设计提供地质资料。普查找矿阶段的地质和地理作业支出在我国由政府承担,但是详查和精查阶段的地质勘探费用由煤炭资源开采企业承担,承担的这些勘探费用就是煤炭企业的勘探成本,是煤炭企业成本构成的重要部分,这反映了我国经济发展模式和经济发展水平的客观需求。

2. 矿区设计成本

矿区设计成本是指与矿区规划和施工建设设计作业相联系的费用和支出。经过勘探确认煤炭资源储量后,通过一定法律程序获取勘探权,煤炭企业获得资源储量权之后编制矿区建设总体设计。其中,取全、取准各种原始资料,加强地质勘探过程中的综合研究需要支付一定的费用;在设计的过程中,编制修改各种图表,需要咨询有关专家支付一定的咨询费等,这些费用是为煤炭企业制定施工方案作业支付的费用,成为煤炭企业开发成本的一部分,这些成本反映了煤炭企业人力资源和知识技术内部要素的客观需求。

3. 矿井建设成本

矿井建设成本是指为开采煤炭资源进行通道建设作业相联系的费用和支出。矿井建设是矿井生产的前提,矿井建设是一项复杂工程,建设周期长,资金密集度高,投资规模大。一般而言,45 万 ~90 万 t 中型矿井建成投产需要 30 个月,大型矿井 90 万 ~150 万 t 需要 36 ~40 个月,投入的资金量极大,所以矿井建设成本的控制尤为重要。根据矿井建设工程类别可以将矿井建设成本分为矿建工程成本、土建工程成本、安装工程成本、矿井试车成本以及基本建设费用的摊销,这些支出涉及专项资金的投入和环境修复的投入,是煤炭企业外部需求和内部需求综合作用的结果。

2.1.4.2　煤炭资源成本

煤炭资源成本是指煤炭资源开采企业为获得煤炭资源开采权向政府有关部门支付相关税费,是未经过煤炭生产和加工处理的天然煤炭的价格。煤炭资源成本主要包括资源税、资产收益以及行政事业收费三部分。

1. 资源税

资源税的主要目的就是调节自然资源的级差地租,就是资源级差费,是基于矿产资源所有权的相应权益。

2. 资产收益

资产收益是矿产资源国家所有的具体体现,国家依靠对矿山的拥有权向煤炭企业取得资产收益。资产收益在形式上主要表现为矿产资源补偿费、采矿权价款、探矿权价款以及采矿权使用费等。

3. 行政事业收费

行政事业收费主要指煤炭企业为了取得特定的权利证明缴纳的登记费等相关支出。

2.1.4.3　煤炭生产成本

煤炭生产成本是指煤炭产品和列入正式产品生产计划的其他产品,在一定时期内为生产经营而发生的各项耗费。煤炭生产成本主要包括材料、外购燃料动力、职工薪酬、折旧费、维简费、修理费、研发支出以及其他生产性支出等。

2.1.4.4　煤炭安全成本

作为安全生产活动的代价,需要投入大量的人力、物力、财力,包括用于技术改造、安全设施和职工安全教育与培训等方面的费用,称之为安全投入。成本是企业在生产销售产品、提供劳务过程中发生的费用。站在企业的角度,安全投入具有成本的意义,但安全投入往往是预防性的投入。而安全成本是与安全有关的费用总和,即煤炭企业为保证安全而支付的一切费用和因安全问题而产生的一切损失,它反映了企业为实现一定安全目标而付出的代价。煤炭安全成本分为保证性安全成本和损失性安全成本两大类。

保证性安全成本是指以实现一定安全目标为目的,通过安全资源配置,形成安全保证条件而发生的投资性支出。保证性安全成本在煤炭安全成本中起着基础性作用,直接关系到企业安全生产水平的高低。这部分成本为煤炭企业提供了基本的安全保证条件,防止意外事故发生,在客观上是不可抗拒的。保证性安全成本又分为安全工程费用和安全预防费用,前者是指为形成安全基础设施而构筑的安装、土建工程;安全预防费用是为实现安全生产预先支付的费用,主要包括安全监督与管理活动费用、安全课程训练费用以及安全抵押激励基金。

损失性安全成本是指因安全事故发生或安全水平不能满足需要而影响生产所产生的损失。损失性安全成本在煤炭安全成本中起着补偿性作用,主要是用以补偿煤炭开采的安全和劳动力损伤。其主要包括内部损失和外部损失,内部损失主要是企业安全问题引起的停工损失和处理事故本身所造成的损失;外部损失指因企业安全问题引起的事故赔偿和行政处罚等损失。

2.1.4.5　煤炭环境成本

煤炭环境成本是煤炭企业生产经营活动对外部生态环境等造成的损失,并因治理或者补偿这些损失所付出的代价,要求煤炭企业提取环境治理成本,是外部成本内部化的集中体现,有助于煤炭企业增强可持续发展能力。

2.1.4.6　煤炭产业接续成本

矿产资源具有耗竭性特征,即不可再生性,要求在资源开发利用过程中应解决好矿产资源耗竭性补偿问题。一方面,煤矿关闭前,企业需要大量资金用于转产和人员安置,而这些费用企业不能预先提取计入成本,所需资金没有来源。随着市场经济体制的不断完善,煤炭开采企业实行政策性破产的政策将逐步淡出,煤炭企业必须积累这部分产业接续资金。另一方面,煤炭企业要继续生存,必须建设新的接续矿井或替代产业需要大量资金投入,同样这些费用必须在企业成本中得到补偿。

2.1.4.7 价格调节基金

价格调节基金是在市场经济条件下地方政府调控市场物价的一个重要经济手段,是一项有利于稳定市场物价、有利于经济稳定发展的制度和措施,为地方政府在市场经济条件下如何进行宏观调控、如何调节市场价格找到了一条有效途径。同时,价格调节基金也为地方政府稳定市场价格、稳定社会秩序、稳定人心作出了积极的贡献。价格调节基金是政府为了应付某些商品突发性的市场价格波动,专门筹集、建立的用于调控生活必需品等重要商品价格的一种专项基金。价格调节基金也可称作价格风险基金,它是社会保险事业制度在价格方面的演化和体现,是财政补贴的发展。它不同于过去的财政补贴,财政补贴只是国家一家拿钱,而价格调节基金是从多层次、多方面筹措资金。它是一种应急的调整和支持价格的方法。目前,有很多省份都已向煤炭企业征收煤炭价格调控基金,并由煤炭企业承担成本。价格调节基金已成为煤炭企业成本的必要组成部分。

2.2 煤炭企业成本核算概述

2.2.1 煤炭企业成本核算的特点

煤炭企业成本核算主要有如下特点:

(1)以原煤为成本计算对象。以开采的产品为成本计算对象,归集生产过程中发生的费用,如果只开采一种产品,生产中所发生的生产费用都是直接费用,可以直接计入产成品成本之中。如果开采的有多种产品,生产中发生的生产费用要区分直接费用和间接费用,间接费用经过分配后记入各相关成本之中。

(2)成本计算期和会计报告期一致。

(3)期末一般无在产品和自制半成品。采掘工业的生产特点决定了在一般情况下不存在期末在产品或中间生产步骤上的自制半成品,当期发生的生产费用完全由完工产品负担。

装备制造、化工等产业可以以生产步骤、批别等为成本计算对象。成本计算期与会计报告期一致或者与产品生产周期一致。期末可以有在产品或者没有在产品。

2.2.2 煤炭生产企业成本项目设置

根据煤炭生产特点和管理要求,将原(选)煤产品成本项目按费用要素界定为:材料、燃料动力、职工薪酬、折旧费、维简费、资源费用、安全生产费、环境治理补偿费、转产发展费用和其他支出十项。

2.2.2.1 材料

材料是指生产过程中通过加工或由于使用而消耗或改变其原有实物形态的一切物品。

原(选)煤产品材料成本项目的构成如下:

(1)支护用品。指煤矿井下各种支护材料和用品,包括木材、单体液压支柱、π型顶梁、金属支架、金属支柱、绞接顶梁、水泥支架、锚杆、金属网和荆片等。

(2)火工产品。指用于原煤生产并计入原(选)煤成本的火药、雷管和导火线等。

(3)大型材料。指原(选)煤生产使用并计入原(选)煤成本的钢铁管、钢轨、钢丝绳、电缆、输送胶带等五项。

(4)专用工具。指原煤生产专用工具,包括风镐、电风钻、矿灯、7.5 kW 及以下的电动机和水泵,200 A 及以下的低压防爆开关、10 kVA 及以下的变压器、局扇、矿车、自救器、综合保护器、瓦斯检定器等。

(5)配件。指煤炭生产各项设备修理中使用的各种配件。

(6)建工材料。指原(选)煤生产使用并计入原(选)煤成本的砖、瓦、砂、石、水泥等建筑材料。

(7)劳保用品。指用于原(选)煤生产并计入原(选)煤成本的按劳保用品规定范围发放给职工的劳动保护用品。

(8)油脂及乳化液。指原(选)煤生产使用的润滑油脂和乳化液等。

(9)燃料。煤炭生产过程中耗用的、从企业外部购买或所属单位提供的用以产生热能的固体、液体和气体燃料,如燃料油、燃料气、燃料煤等。

(10)其他材料。凡不包括在以上项目的其他材料。

(11)材料成本差异。按规定计入当月产品成本的材料成本差异总额。

2.2.2.2　电力

电力是指煤炭生产过程中耗用的电力支出。电力是煤炭生产重要的能源,在产品成本中所占比重较大,故单独列项核算。

2.2.2.3　职工薪酬

职工薪酬是指煤炭企业为获得职工提供的服务而给予各种形式的报酬以及其他相关支出。包括:煤炭企业为职工在职期间和离职后提供的全部货币性薪酬和非货币性福利,既包括提供给职工本人的薪酬,也包括提供给职工配偶、子女或其他被赡养人的福利等。

职工薪酬成本项目构成如下:

(1)职工工资、奖金、津贴和纳入工资总额管理的补贴。是指按照国家统计局的规定构成工资总额的计时工资、计件工资、支付给职工的超额劳动报酬和增收节支的劳动报酬、为了补偿职工特殊或额外的劳动消耗和因其他特殊原因支付给职工的津贴,以及为了保证职工工资水平不受物价影响支付给职工的物价补贴,已经实行货币化改革的企业给职工按月按标准发放或支付的住房补贴、交通补贴或者车改补贴、通信补贴,企业给职工发放的节日补助和未统一供餐而发放的误餐费补助等。

(2)职工福利费。职工福利费是企业用于增进职工物质福利,支付给职工及其配偶、子女或其他赡养人解决生、老、病、死等方面的困难所支付的费用,包括职工因公负伤赴外地就医路费、职工生活困难补助、遗属生活困难补助费、丧葬费、探亲路费、独生子女保健费、职工因工负伤住院治疗期间伙食补助费及陪护费、未实行医疗统筹企业职工医疗费用,以及按规定发生的其他职工福利支出等。

非独立法人和非对外盈利性的职工医院(医务室)、职工浴室、食堂(包括自制餐饮和外包餐饮)、理发室、托儿所等集体福利机构的支出也在职工福利费中列支。

(3)社会保险费。包括企业按照国务院、各地方政府或企业年金计划规定的基准和比例计算,向社会保险经办机构缴纳的养老保险费(包括向社会保险经办机构缴纳的基本养老保险费和向企业年金基金相关管理人缴纳的补充养老保险费)、医疗保险费(包括按规定由企业成本支付的补充医疗保险)、失业保险费、工伤保险费和生育保险费等社会保险费。企业以购买商业保险形式提供给职工的各种保险待遇也属于职工薪酬,应当按照职工薪酬相关规定进行确认、计量和披露。

(4)住房公积金。是指企业按照国务院《住房公积金管理条例》规定的基准和比例计算,向住房公积金管理机构缴存的住房公积金。

(5)工会经费和职工教育经费。是指企业为了改善职工文化生活、为职工学习先进技术和提高文化水平和业务素质,用于开展工会活动和职工教育及职业技能培训等的相关支出。

(6)因解除与职工的劳动关系给予的补偿。是指分离办社会职能、实施主辅分离、辅业改制,重组、改组计划、职工不能胜任等原因,企业在职工劳动合同尚未到期之前解除与职工的劳动关系,或者为鼓励职工自愿接受裁减而提出补偿建议的计划中给予职工的经济补偿,即国际财务报告准则中所指的辞退福利。

(7)其他与获得职工提供的服务相关的支出。是指除上述七种薪酬外的其他为获得职工提供的服务而给予的薪酬,比如企业提供给职工以权益形式结算的认股权、以现金形式结算但以权益工具公允价值为基础确定的现金股票增值权等。

2.2.2.4 折旧费

折旧费是指固定资产在使用过程中发生磨损或损耗,其损耗价值转移到产品成本中形成的一项生产费用,即固定资产应计折旧额。

固定资产应计折旧额是指应当计提折旧的固定资产原价扣除其预计净残值后的金额,已计提减值准备的固定资产,还应当扣除已计提的固定资产减值准备累计金额。

固定资产应计折旧额要在固定资产使用寿命内,按照确定的方法系统分摊到产品成本中去,且在固定资产的有效使用年限内正确计算和提取折旧费。

1. 煤炭工业企业需要计提折旧的固定资产

(1)房屋、建筑物和矿井建筑物;

(2)动力设备、传导设备、生产设备、综采设备、运输设备、工具仪器及生产管理用具、文化生活用具、农副业生产用具、医疗设备和其他设备;

(3)季节性停用和大修理停用的设备,以及煤矿备用设备;

(4)融资租入和以经营租赁方式租出的固定资产。

2. 不提取折旧的固定资产

(1)以经营租赁方式租入的固定资产;

(2)已提足折旧继续使用的固定资产;

(3)破产、关停矿井的待定资产;

(4)按规定单独估价作为固定资产入账的土地。

2.2.2.5 维简费

维简费是指煤炭企业按照国家有关部门的规定,按照煤炭资源赋存条件核定提取标准,从煤炭产品成本中提取,专门用于维持简单再生产的资金。

维简费使用范围包括：

(1)矿井(露天)开拓延深工程：包括矿井(露天)开拓延深工程所发生的材料费、人工费等。

(2)矿井(露天)技术改造：包括矿井技术改造过程中的材料费、人工费等。

(3)小型矿井的改造联合工程：包括改造联合工程的设计费、申请审批费，以及改造过程中的材料费、施工费等。

(4)煤矿固定资产更新、改造和固定资产零星购置：包括煤矿固定资产更新、改造过程中发生的材料费、人工费等，以及购置矿井固定资产时发生的含税买价、运杂费、保险费、安装费等。

2.2.2.6　资源费用

资源费用是指煤炭企业在煤炭开采过程中发生的，按规定摊销计入煤炭产品成本的矿业权(包括采矿权和探矿权)取得费用和资源勘探费，按规定计提的矿产资源补偿费、使用费等计入管理费用。

资源费用项目构成如下。

1. 矿业权取得和使用费用

矿业权取得费用包括探矿权价款和使用费、采矿权价款和使用费、中介费及直接归属于矿业权取得的其他支出。

(1)探矿权价款。国家将其出资勘查形成的探矿权出让给探矿权人，按规定向探矿权人收取的价款，及企业在矿业权市场购买探矿权支付的价款。

(2)探矿权使用费。国家将矿产资源探矿权出让给探矿权人，按规定向探矿权人收取的使用费。

(3)采矿权价款。国家将其出资勘查形成的采矿权出让给采矿权人，按规定向采矿权人收取的价款，及企业在矿业权市场购买采矿权支付的价款。

(4)采矿权使用费。国家将矿产资源采矿权出让给采矿权人，按规定向采矿权人收取的使用费。

2. 煤炭资源勘探费

煤炭资源勘探费是指矿产资源勘探阶段发生的且勘探成果具有技术可行性和商业可行性，并且能为未来某个项目带来经济利益的相关勘探设计费、地质调查勘探费、钻井费、勘探综合研究费、储量评估项目支出、物化勘探支出、市场可行论证费等勘探及评价支出。

2.2.2.7　安全生产费

安全生产费是指煤炭企业按照国家有关部门的有关规定，从煤炭产品成本中按月提取，专门用于企业安全生产投入的资金。

安全生产费使用范围如下：

(1)矿井主要通风设备的更新改造支出；

(2)完善和改造矿井瓦斯监测系统与抽放系统支出；

(3)完善和改造矿井综合防治煤与瓦斯突出支出；

(4)完善和改造矿井防灭火支出；

(5)完善和改造矿井防治水支出；

(6)完善和改造矿井机电设备的安全防护设备设施支出；

(7)完善和改造矿井供配电系统的安全防护设备设施支出；

(8)完善和改造矿井运输(提升)系统的安全防护设备设施支出；

(9)完善和改造矿井综合防尘系统支出；

(10)其他与煤矿安全生产直接相关的支出。

2.2.2.8 环境治理补偿费

环境治理补偿费是指企业按国家有关部门的有关规定，从煤炭产品成本中提取或支出的，专项用于采矿区生态环境保护、矿区污染源治理、地质灾害防治、环境恢复整治和采动区民房建筑物搬迁等的费用。

环境治理补偿费的构成如下。

1. 矿山环境治理恢复保证金

矿山环境治理恢复保证金是煤炭企业按照国家有关部门的规定，从煤炭产品成本中提取，专门用于本企业矿区生态环境和水资源保护、地质灾害防治、污染治理和环境恢复的资金。该保证金按照“企业所有、专款专用、政府监管”的原则进行管理。

矿山环境治理恢复保证金的使用范围：

(1)矿区生态环境和水资源保护支出。

(2)矿区综合利用支出和废水、废渣、废气等污染源治理支出。

(3)矿产资源开发引发的崩塌、滑坡、泥石流、地面塌陷、地裂缝等地质灾害的预防治理支出及受灾村庄搬迁支出。

(4)矿区自然、生态和地质环境的恢复支出。包括对矿区被损坏的土地进行治理、植被恢复、土地复垦、恢复成建筑用地或其他可使其恢复生态平衡达到可使用状态的支出。

(5)与矿区生态环境保护、治理和恢复直接相关的其他支出。

2. 塌陷土地补偿费

煤炭开采导致的塌陷土地补偿费，包括青苗补偿费、减产绝产补偿费、绝产土地征购费和安置费等支出。

3. 采空区民房建筑物搬迁费

采空区民房建筑物搬迁费包括民房建筑物损坏维修加固费、民房建筑物拆迁费、安置费及配套工程支出等。

4. 矿井水和煤矸石排放费

矿井水和煤矸石排放费，包括矿井废水排放费和废水污染治理费支出，煤矸石排放占地费和煤矸石自燃灭火、煤矸石粉尘处理支出等，不包括矿井水和煤矸石排污费，排污费在管理费用中列支。

5. 造林育林费

造林育林费是指按照国家有关部门的规定，按标准从煤炭产品成本提取并专门用于造林育林的资金。

6. 其他与矿山环境直接相关的支出

其他与矿山环境直接相关的支出包括有些地方政府按煤炭产量和收费标准征收的河道治理费、水土保护费支出等。

2.2.2.9　转产发展费用

转产发展费用是指煤炭企业按国家有关部门的规定，从成本中提取，专门用于煤炭企业转产发展接续产业投资及职工安置、职业技能培训、再就业和社会保障、跨区域生态环境治理、支持资源型城市(地区)转型和重点接替产业发展等的专项资金。其包括转产发展资金和煤炭可持续发展基金两部分。

1. 转产发展资金的使用范围

(1)新矿井建设资金支出。包括发展接续和替代产业的投资支出、转产发展项目所发生的资产购置费、科研开发费、技术设备改造费等必要支出。

(2)因转产而发生的职工再就业培训及创业补助支出等。指煤炭企业为转产再就业职工支付的职工技能培训、就业培训费和创业补助费，以及为转产再就业职工和家庭而进行的迁移活动所发生的必要支出。

(3)弥补资源枯竭矿井破产费用的资金缺口。包括因资源枯竭关闭矿井发生的职工安置费、按规定支付给职工的解除劳动合同支出和不适合再就业职工的生活保障支出、迁移异地相关支出及其他相应支出。

(4)公司主辅分离、辅业改制支出、发展第三产业的投资支出和分离办社会支出。

(5)其他直接与接续发展相关的支出。

2. 煤炭可持续发展基金的使用范围

(1)跨区域生态环境治理，包括治理跨区煤炭开采所造成的水系破坏、水资源损失、水体污染，大气污染和煤矸石污染，植被破坏、水土流失、生态退化，土地破坏和沉陷引起的地质灾害等。

(2)资源型城市、产煤地区转型和支持重点接替产业发展的支出，主要包括支持资源型城市和产煤地区的重要基础设施建设，以及符合国家产业政策要求的煤化工、装备制造业、材料工业、旅游业、服务业、高新技术产业、特色农业发展等的支出。

(3)解决因采煤引起的社会问题，包括支持分离企业办社会职能，棚户区改造，与煤炭工业可持续发展关系密切的科技、教育、文化、卫生、就业和社会保障等社会事业发展及其他社会事业发展的支出。

2.2.2.10　其他支出

其他支出是指不能直接或分配计入上述成本项目，但属于煤炭开采及洗选加工所发生的成本费用支出。包括办公费、水费、班中餐、租赁费、保险费、试验检验费、运输费、修理费、差旅费、拆除安装费、劳动保护费、外包费用、停工损失、取暖费、设计制图费、其他。

(1)办公费：指生产车间耗用的文具、印刷、邮电、办公用品及报刊杂志等办公费用。

(2)水费：指生产车间负担的外购水费及水资源费。洗煤厂生产车间生产用水为直接材料，不在此项下反映，应在加工费中的其他材料列支。

(3)班中餐：指按规定支付给生产工人和生产车间管理人员的班中餐。

(4)租赁费(不包括融资租赁费)：指生产车间自外部租入的各种固定资产和工器具的租赁费，集团公司装备中心下转的设备租赁费，各矿(厂、处)也列入租赁费项下，集团公司本部当月冲回并按原要素还原列入有关成本项目。

(5)保险费：指生产车间进行财产保险、运输保险等，按照实际缴纳的保险费列入此项。

(6)试验检验费:指生产车间对材料、半成品、成品进行分析化验、检验所发生的费用,以及委托外单位进行检验所支出的费用。

(7)运输费:指生产车间应负担的委托外单位运输装卸费用及支付的养路费等。

(8)差旅费:指生产车间管理人员、工程技术人员及其他有关人员因公外出的各种差旅费。按规定支付的生产车间探亲路费、职工调动工作所发生的旅费列入管理费用。

(9)拆除安装费:指集团公司专业化队伍施工的工作面拆除安装发生的费用。

(10)外包费用:指露天矿、井工矿等生产单位在生产经营过程中,外包给外部市场化队伍及集团公司专业化队伍,按照权责发生制的原则确认的有关费用。

(11)停工损失:指煤炭产品生产过程中某个队组、班组在停工期间发生的各种费用,包括停工期间支付的职工薪酬、所耗用的燃料和动力费以及应负担的制造费用等。

(12)取暖费:指生产车间冬季取暖发生的费用。

(13)设计制图费:指为生产车间设计制图支付的图纸和其他用品费以及委托外部设计部门制图所支付的费用,行政管理部门支付的图纸及其他少额制图用品费列入"管理费用——办公费"。

(14)其他:指不属于以上项目,但应由煤炭产品负担的按规定应列入成本的其他费用。

2.2.3　煤矿企业成本核算的要求

2.2.3.1　企业成本核算的一般要求

成本核算是成本管理的核心内容,它是根据国家有关法规、制度和企业经营管理的要求,对生产经营过程中实际发生的各种劳动耗费进行计算,并进行相应的账务处理,提供真实、有用的成本信息。

煤炭企业成本核算是成本管理和生产经营管理的重要组成部分。做好成本核算工作,对于降低成本、费用,增加企业利润,提高企业生产经营管理水平,正确处理企业与国家、投资者之间的分配关系,具有重要的意义。因此,为了充分发挥成本核算的作用,在成本核算工作中,应贯彻以下各项要求。

1. 正确划分各种费用界限

为了核算生产费用和经营管理费用,准确地计算产品成本和期间费用,必须正确划分以下五个方面的费用界限。

第一,正确划分生产经营管理费用与非生产经营管理费用的界限。企业的经济活动是多方面的,除生产经营活动外,还有其他方面的经济活动,因而费用支出的用途也是多方面的,并非都应计入生产经营管理费用。例如,企业购建固定资产、无形资产和对外进行投资,这些经济活动都不是企业的生产经营活动,其支出不应计入生产经营管理费用,而应分别计入固定资产、无形资产价值和对外投资成本;固定资产盘亏损失、固定资产报废清理净损失、由于自然灾害等而发生的非常损失等,不属于企业的日常生产经营活动而发生的,不应计入生产经营管理费用,而应计入营业外支出。只有企业日常生产经营管理活动中的各种耗费,如用于产品生产和销售,用于组织和管理生产经营活动,以及为筹集生产经营资金所发生的各种支出，才应计入生产经营管理费用。企业应按照国家有关成本开支范围的规定，正确核算生产经营管理费用。凡不属于企业日常生产经营方面的支出，均不得计入生产经营管理费用，即不得挤占生产经营管理费用；凡属于企业日常生产经营方面的支出，均应全部计入生产经营管理费用，即不得遗漏。挤占生产经营管理费用，会减少企业利润和国家财政收入；少计生产经营管理费用，则会虚增利润，使企业生产经营管理费用得不到应有的补偿，从而影响企业生产经营活动的顺利进行。无论是挤占或少计生产经营管理费用，都会使企业成本、费用不实，不利于企业成本管理。因此，企业应正确地划分生产经营管理费用与非生产经营管理费用的界限，防止乱挤或少计生产经营管理费用的错误做法。

第二，正确划分生产费用与经营管理费用的界限。企业日常生产经营活动中所发生的生产经营管理费用，因其用途和计入损益的时间不同，而分为生产费用与经营管理费用。企业的生产费用是指用于产品生产的费用，应计入产品成本，并在产品销售后作为产品销售成本计入企业损益；由于当月投产的产品不一定当月完工，当月完工的产品也不一定当月销售，因而当月的生产费用往往不一定计入当月损益的产品销售成本。而企业当月发生的经营管理费用，即销售费用、管理费用和财务费用，则是作为期间费用，直接计入当月损益。因此，为了正确地计算产品成本和经营管理费用，正确计算企业各月份的损益，应将生产经营管理费用正确地划分为生产费用和经营管理费用。企业用于产品生产的原材料费用、生产工人工资费用和制造费用等，应计入生产费用，并据此计算产品成本；用于产品销售、组织和管理生产经营活动和筹集生产经营资金所发生的费用，应计入经营管理费用，并分别归集为销售费用、管理费用和财务费用，直接计入当月损益。应当防止混淆生产费用和经营管理费用的界限，也就是防止混淆产品成本和期间费用的界限，借以调节各月产品成本和各月损益的错误做法。

第三，正确划分各月份的费用界限。为了按月分析和考核产品成本计划、经营管理费用计划的执行情况和结果，正确计算各月损益，还必须正确划分各月份的费用界限，也就是在各个月份之间正确划分生产费用和经营管理费用。企业本月发生的生产费用和经营管理费用都应在本月全部入账，不应将其一部分延至下月入账；也不应未到月末就提前结账，将本月生产费用、经营管理费用的一部分作为下月费用处理。为了简化核算工作，对于数额较小的应该跨期摊销和预提的费用，也可将其全部计入支付月份的成本、费用，而不作为待摊和预提费用。正确划分各月份的费用界限，是保证成本核算真实、准确的重要环节。应当防止利用待摊和预提的办法人为调节各月产品成本和经营管理费用，人为调节各月损益的错误做法。

第四，正确划分各种产品的费用界限。如果企业生产的产品不是一种，而是多种，为了正确计算各种产品成本，分析和考核各种产品成本计划或成本定额的执行情况，必须将计入本月产品成本的生产费用在各种产品之间进行划分。凡属于某种产品单独发生，能够直接计入该种产品成本的生产费用，均应直接计入该种产品成本；凡属于几种产品共同发生不能直接计入某种产品成本的生产费用，则应采用适当的分配方法，分配计入这几种产品的成本。应该防止在盈利产品与亏损产品之间、可比产品与不可比产品之间任意转移生产费用，借以掩盖成本超支或以盈补亏或虚报成本的错误做法。

第五,正确划分完工产品与在产品的费用界限。月末计算产品成本时,如果某种产品已全部完工,那么,计入该种产品的各项生产费用之和,就是该种产品的完工产品成本;如果某种产品均未完工,那么,计入该种产品的各项生产费用之和,就是该种产品的月末在产品成本;如果某种产品一部分已经完工,另一部分尚未完工,则应将该种产品的生产费用,采用适当的分配方法在完工产品与月末在产品之间进行分配,分别计算完工产品成本和月末在产品成本。应该防止任意提高或降低月末在产品成本,人为调节完工产品成本的错误做法。

以上五个方面费用界限的划分过程,也就是产品成本的计算和经营管理费用的归集过程。在这一过程中,应贯彻受益原则,即何者受益何者负担费用,何时受益何时负担费用;负担费用多少应与受益程度的大小成正比。

2. 正确确定财产物资的计价和价值转移方法

企业的生产经营过程,同时也是物化劳动与活劳动的耗费过程。在各种劳动耗费中,财产物资的耗费(即生产资料价值的转移)具有较大的比重,而它们的价值是要随着在生产经营过程中的耗用,转移到产品成本和经营管理费用中去的。因此,这些财产物资的计价和价值转移方法是否恰当,会对产品成本和经营管理费用计算的正确性产生重要影响。企业财产物资计价和价值转移方法主要有与固定资产有关的方法、与流动资产有关的方法、与固定资产和流动资产共同相关的方法等三大类。其中属于固定资产计价和价值转移的方法有:固定资产原值的计算方法、折旧方法、折旧率的种类和高低等。属于流动资产计价和价值转移的方法有:材料成本的组成内容;材料按实际成本计价核算时发出材料单位成本的计价方法;材料按计划成本计价核算时材料成本差异的种类(个别差异率、分类差异率还是综合差异率,本月差异率还是上月差异率);采用分类差异率时材料类距的大小等。属于固定资产和流动资产共同相关的计价和价值转移方法有:固定资产与低值易耗品的划分标准;低值易耗品的摊销方法、摊销期限的长短和摊销率的高低等。为了正确地计算产品成本和经营管理费用,对于各种财产物资的计价和价值转移都应采用既合理又简便的方法;国家有统一规定的,应采用国家统一规定的方法。各种方法一经确定,应保持相对稳定,要防止任意改变财产物资计价和转移方法,借以人为调节产品成本和经营管理费用的错误做法。

3. 做好成本核算的基础工作

为了加强成本审核、控制,正确、及时地计算产品成本和经营管理费用,企业必须做好以下各项基础工作。

(1)定额的制定和修订工作。产品的各项消耗定额,既是编制成本计划、分析和考核成本水平的依据,又是审核和控制耗费的标准。企业应根据当前技术装备水平,充分考虑各有关因素,制定和修订既先进又可行的原材料、燃料、动力和工时等消耗定额,并据以审核各项耗费是否合理,评价各项耗费是否节约,借以达到控制生产耗费、降低生产成本和经营管理费用的目的。因此,为了加强生产管理和成本管理,企业必须建立和健全定额管理制度,凡是能够制定定额的各种消耗都应该制定,并随着生产的发展、技术的进步、劳动生产率的提高,不断修订消耗定额。

(2)建立和健全材料物资的计量、收发、领退和盘点制度。加强材料物资的计量、收发、领退和盘点工作,建立健全相应的规章制度,是正确核算产品成本和经营管理费用的前提条件。凡是材料物资的收发、领退,在产品、半成品的内部转移和产成品的入库等,均应填制相应的凭证,办理审批手续,严格进行计量和验收。库存的材料物资、半成品和产成品,以及车间的在产品和半成品,均应按规定定期进行盘点,防止丢失、积压、损坏变质等。只有如此,才能保证账实相符,保证成本核算的正确性。

(3)做好原始记录工作。原始记录是反映生产经营活动的原始资料,是进行成本预测、编制成本计划、进行成本核算、分析消耗定额和成本计划执行情况的依据。因此,企业在生产经营过程中,凡是材料的领用、工时和动力的耗费,费用的开支、在产品及半成品的内部转移,以及产成品的入库等,均应做出真实的记录。成本核算人员应会同有关部门,制定出既符合各方面管理需要,又符合成本核算要求,既科学又简便易行、讲求实效的原始记录制度,并且组织有关职工认真做好各种原始记录的登记、传递、审核和保管工作,以便正确及时地为成本核算和其他有关方面提供所需原始资料。

(4)厂内计划价格的制定和修订工作。在计划管理基础较好的企业中,为了分清企业内部各单位的经济责任,便于检查和考核内部各单位成本计划的完成情况和管理业绩,还应对原材料、半成品、厂内各车间相互提供的劳务(如修理、运输等)制订厂内计划价格,作为企业内部结算和考核的依据。厂内计划价格要尽可能接近实际并相对稳定,年度内一般不变。在制订厂内计划价格的企业中,对于材料领用、半成品转移,以及各车间与部门之间相互提供劳务,都要先按计划价格结算,月末再采用一定的方法计算和调整价格差异,据以计算实际的产品成本和经营管理费用。按计划价格进行企业内部往来结算,既可以加速和简化成本与费用的核算工作,又可以分清内部各单位的经济责任。

4. 选择适当的成本计算方法

产品成本是在生产过程中形成的,产品的生产工艺过程和生产组织特点不同,所采用的成本计算方法也应有所不同。计算产品成本是为了加强成本管理,满足企业管理的需要,因此企业还应根据不同的管理要求,采用不同的成本计算方法。可见,企业只有按照产品生产特点和管理要求,选择适当的成本计算方法,才能正确地计算产品成本,为成本管理提供有用的信息。

2.2.3.2　煤炭企业成本核算的要求

煤炭企业是生产原煤的采掘业。其生产过程主要是掘进和回采,还有井下运输、提升、通风、照明、排水、井巷维修、设备维修等劳务性活动,各生产环节密切配合,生产过程不可间断。其生产组织方式是单阶段、连续式大量生产,生产周期很短,月末井下未运出的煤少而稳定,没有半成品,同一矿区的原煤产品一般不分煤种,视为单一产品。原煤产品成本计算采用简单法,以原煤产品为成本核算对象,月末不计算在产品成本,按月度和成本项目归集原煤生产费用,即为原煤总成本。

2.2.4　煤炭企业成本核算的一般程序

企业成本核算的一般程序是指对企业在生产经营过程中发生的各项费用,按照成本核算的要求,逐步进行归集和分配,最后计算出各种产品的生产成本和各项期间费用的过程。企业成本核算的一般程序主要如下。

2.2.4.1　审核和控制各项费用支出

对企业的各项费用进行审核和控制，并根据国家有关规定，确定费用该不该开支；应开支的费用，该不该计入生产经营管理费用；应计入的费用，是计入生产费用还是经营管理费用。也就是说，要在对各项费用的合法性进行审核和控制的基础上，做好前述费用界限划分的第一、二两个方面的工作。

2.2.4.2　生产费用在各种产品之间进行分配和归集

原煤生产企业对应计入本月原煤成本的各项生产费用，按照成本项目反映出原煤成本，不需要将生产费用在各种产品之间进行分配和归集。

煤炭企业中的装备制造、化工等非原煤生产产业，对应计入本月产品成本的各项生产费用，在各种产品之间进行分配和归集，并按成本项目分别反映，计算出按成本项目反映的各种产品成本。这是本月生产费用在各种产品之间的横向分配和归集，是前述费用界限划分的第四个方面的工作。

2.2.4.3　生产费用在完工产品与月末在产品之间进行分配和归集

月末，煤炭企业中的装备制造、化工等非原煤生产产业，对于既有完工产品又有在产品的产品，将月初在产品成本与本月生产费用之和，在本月完工产品与月末在产品之间进行分配和归集，计算出该种产品的完工产品成本和月末在产品成本。这是生产费用在同种产品的完工产品与月末在产品之间纵向分配和归集，是前述费用界限划分的第五个方面的工作。

原煤生产企业月末一般无在产品，本月生产费用全部计入完工产品成本，不需要将生产费用在完工产品与月末在产品之间进行分配和归集。

企业成本核算的一般程序见图2-1。

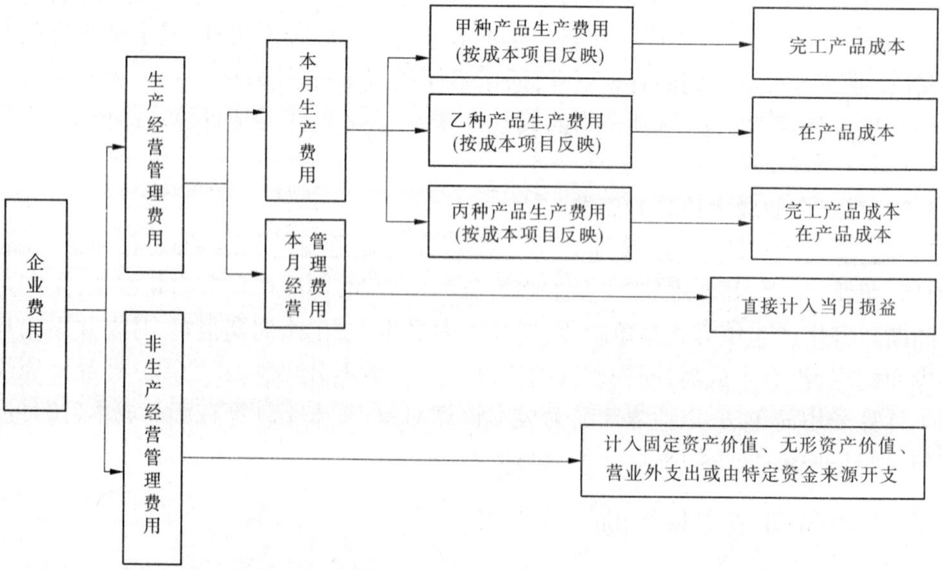

图2-1　企业成本核算的一般程序

2.3　煤炭企业成本的归集和分配

2.3.1　生产费用的归集和分配

2.3.1.1　材料费用的归集和分配

一般来说,企业生产经营过程中领用的各种材料,无论是外购材料还是自制材料,其费用的分配,都是根据审核后的领退料凭证,按照材料的具体用途进行:对于直接用于产品生产的材料费用计入各种产品成本;用于产品销售以及管理和组织生产的材料费用计入销售费用和管理费用;用于建造固定资产的材料费用,计入在建工程支出,等等。

"直接费用直接计入,间接费用分配计入"是材料费用分配的基本原则。"直接费用直接计入"是指某种产品直接耗用的材料费用直接计入该种产品成本,一般来说,直接用于产品生产、构成产品实体的原料和主要材料,通常是分产品领用,例如纺织用原棉、冶炼用矿石等,属于直接计入费用,可以直接计入该种产品成本;"间接费用分配计入"是指由多种产品共同耗用、不分产品领用的原料及主要材料,例如化工生产中多种产品所耗用的原材料费用,属于间接计入费用,应采取既合理又简便的分配方法,在各种产品之间进行分配。

间接费用分配计入产品成本时,要考虑分配标准既合理又简便。分配标准的合理性是指分配标准与费用的发生要有密切联系,做到多耗用多分配,少耗用少分配;分配标准的简便性是指分配标准的资料比较容易取得。分配标准一般有产品重量、产品产量、定额消耗量或定额费用。在材料消耗定额比较准确的情况下,原材料费用可以按照产品的材料定额消耗量的比例或材料定额费用的比例分配。

按原材料定额消耗量比例分配原材料费用的计算分配程序和计算公式如下。

第一步:计算各种产品原材料定额消耗量;

$$\text{某种产品原材料定额消耗量}=\text{该种产品实际产量}\times\text{单位产品原材料定额消耗量}$$

第二步:计算原材料定额消耗量分配率;

$$\text{原材料定额消耗量分配率}=\text{原材料实际消耗总量}/\text{各种产品原材料定额消耗量之和}$$

第三步:计算各种产品应分配的原材料实际消耗量;

$$\begin{matrix}\text{某种产品应分配的}\\\text{原材料实际消耗量}\end{matrix}=\begin{matrix}\text{该种产品的原材料}\\\text{定额消耗量}\end{matrix}\times\begin{matrix}\text{原材料定额}\\\text{消耗量分配率}\end{matrix}$$

第四步:计算各种产品应分配的原材料实际费用。

$$\text{某种产品应分配的原材料费用}=\text{该种产品应分配的原材料实际消耗量}\times\text{材料单价}$$

直接用于产品生产、有助于产品形成的辅助材料,一般属于间接计入费用,应采用适当的分配方法计入各种产品成本的"直接材料"成本项目。对于消耗定额比较准确的辅助材料,与原材料费用分配方法基本相同,可采用产品定额消耗量或定额费用比例分配;对于同产品产量有密切联系的辅助材料,可按产品产量比例分配;对于耗用在原材料上的辅助材料,如油漆、染料等可按原材料耗用量比例分配。

2.3.1.2 外购动力费用的归集和分配

外购动力有的直接用于产品生产，如生产工艺用电力；有的间接用于生产，如生产车间照明用电力；有的则用于经营管理，如行政管理部门照明用电力。动力费用的分配，在有仪表记录的情况下，直接根据仪表所示耗用动力数量和单价计算；在没有仪表情况下，可按一定的标准（如生产工时、机器功率时数、定额消耗量）在各种产品之间进行分配。各车间、部门的动力用电和照明用电一般都分别装有电表，外购电力费用在各车间、部门可按用电度数分配；车间中的动力用电，一般不按产品分别安装电表，因而车间动力用电费在各种产品之间一般按产品的生产工时比例、机器工时比例、定额耗电量比例等进行分配。

对于生产工艺用动力一般与生产工艺用燃料一样，计入“直接材料”成本项目。直接用于产品生产的动力费用，借记“生产成本—基本生产成本”账户及所属产品成本明细账的“直接材料”成本项目；直接用于辅助生产的动力费用，借记“生产成本—辅助生产成本”账户及所属明细账的“直接材料”成本项目；用于基本生产车间、辅助生产车间以及行政管理部门的动力费用，应分别借记“制造费用”、“生产成本—辅助生产成本”、“管理费用”等账户及所属明细账的有关项目。

2.3.1.3 职工薪酬的归集和分配

在职工为企业提供服务的会计期间，企业应根据职工提供服务的受益对象，将应确认的职工薪酬（包括货币性薪酬和非货币性福利）计入相关资产成本或当期损益，同时确认为应付职工薪酬，但解除劳动关系补偿（下称“辞退福利”）的除外。

计量应付职工薪酬时，国家规定了计提基础和计提比例的，应当按照国家规定的标准计提。比如，应向社会保险经办机构等缴纳的医疗保险费、养老保险费（包括根据企业年金计划向企业年金基金相关管理人缴纳的补充养老保险费）、失业保险费、工伤保险费、生育保险费等社会保险费，应向住房公积金管理机构缴存的住房公积金，以及工会经费和职工教育经费等。

没有规定计提基础和计提比例的，企业应当根据历史经验数据和实际情况，合理预计当期应付职工薪酬。当期实际发生金额大于预计金额的，应当补提应付职工薪酬；当期实际发生金额小于预计金额的，应当冲回多提的应付职工薪酬。

对于在职工提供服务的会计期末以后一年以上到期的应付职工薪酬，企业应当选择恰当的折现率，以应付职工薪酬折现后的金额计入相关资产成本或当期损益；应付职工薪酬金额与其折现后金额相差不大的，也可按照未折现金额计入相关资产成本或当期损益。

企业以其自产产品作为非货币性福利发放给职工的，应当根据受益对象，按照该产品的公允价值，计入相关资产成本或当期损益，同时确认应付职工薪酬。

将企业拥有的房屋等资产无偿提供给职工使用的，应当根据受益对象，将该住房每期应计提的折旧计入相关资产成本或当期损益，同时确认应付职工薪酬。租赁住房等资产供职工无偿使用的，应当根据受益对象，将每期应付的租金计入相关资产成本或当期损益，并确认应付职工薪酬。难以认定受益对象的非货币性福利，直接计入当期损益和应付职工薪酬。

企业的职工薪酬并非全部计入产品成本，只有与企业生产活动有关的人员工资才计入产品成本,如生产车间工人和管理人员的计件工资、计时工资、加班加点工资、奖金等,而工资总额中的其他组成部分则应根据有关规定按用途分别列支于其他有关费用,如专设销售机构人员工资应作为销售费用开支;生活福利部门人员工资应作为应付福利费开支;从事固定资产建造工程人员的工资应由在建工程成本承担。

2.3.1.4　折旧、修理费用的归集和分配

1. 折旧的计算

首先要确定折旧范围,即分清哪些固定资产应计提折旧,哪些固定资产不需计提折旧。根据《企业会计准则——固定资产》的规定,除下列固定资产不计提折旧外,其他固定资产均应计提折旧:①土地;②超龄使用的固定资产;③大修理停用的固定资产;④改扩建停用的固定资产。其次是合理估计固定资产使用年限和净残值,固定资产使用年限估计的长与短,必然影响固定资产各期折旧额的大小,从而影响产品成本的高低。固定资产的净残值是指预计的残值收入减去预计清理费。为了正确计算固定资产应计提的折旧额,应从固定资产原值中减去预计的净残值。

由于固定资产在使用过程中各期损耗的价值是很难精确计算的,因此都需采用一定方法进行估算。采用的折旧方法不同,会使每一会计期间负担的折旧费不同,从而影响产品成本。为了合理计算折旧费用,还必须根据企业特点和固定资产的性质,慎重选择折旧方法。常用的折旧方法有使用年限法、工作量法、年数总和法和双倍余额递减法。

企业产品生产往往需要使用多种机器设备,而每一机器设备又能生产多种产品。因此,机器设备的折旧费用虽然是直接用于产品生产的费用,但分配工作比较复杂。为了简化成本计算工作,没有为折旧费用专设成本项目,而是按固定资产的使用车间、部门进行汇总,然后与生产车间、部门的其他费用一起分配记入"制造费用"、"管理费用"等账户的借方,折旧总额记入"累计折旧"账户的贷方。

2. 修理费用的核算

与固定资产有关的修理费用等后续支出,不符合固定资产确认条件的,应当根据不同情况分别在发生时计入当期管理费用或销售费用。一般情况下,固定资产投入使用之后,由于固定资产磨损、各组成部分耐用程度不同,可能导致固定资产的局部损坏,为了维护固定资产的正常运转使用,充分发挥其使用效能,企业将对固定资产进行必要的维护。固定资产的日常维修费用等支出只是确保固定资产的正常工作状况,一般不产生未来的经济利益。因此,通常不符合固定资产的确认条件,在发生时直接计入当期损益。企业生产车间(部门)和行政管理部门等发生的固定资产修理费用等后续支出计入"管理费用";企业专设销售机构的,其发生的与专设销售机构相关的固定资产修理费用等后续支出,计入"销售费用"。

2.3.1.5　利息费用、税金和其他费用的归集和分配

1. 利息费用的核算

企业要素费用中的利息费用,不属于产品成本的组成部分,而属于期间费用中的财务费用。每月计算利息费用时,借记"财务费用"账户,贷记"应付利息"账户;季末实际支付利息费用时,借记"应付利息"账户,贷记"银行存款"账户。

2. 税金的核算

企业要素费用中的税金，不属于产品成本的组成部分，而属于期间费用的管理费用，如印花税、房产税、车船使用税、土地使用税等。

对于需要预先计算应缴金额，然后缴纳的税金，如印花税、房产税、车船使用税、土地使用税等，在计算出应缴税金时，借记“管理费用”账户，贷记“应缴税费”账户；在缴纳税金时，借记“应缴税费”账户，贷记“银行存款”等账户。

3. 其他费用的核算

企业要素费用中的其他费用，是指上述各项要素费用以外的其他费用支出，包括修理费、差旅费、邮电费、保险费、劳动保护费、运输费、办公费、水电费、技术转让费、租赁费、排污费、业务招待费、误餐补助费等。这些费用在发生时，按照发生的车间、部门和用途，分别借记“制造费用”、“管理费用”、“生产成本”、“销售费用”等账户，贷记“银行存款”或“现金”账户。

2.3.1.6 辅助生产费用的归集和分配

辅助生产是指为基本生产车间、企业行政管理部门等单位服务而进行的产品生产和劳务供应。辅助生产有两种情况：一种是只生产一种产品或提供一种劳务，如供水、供气、供风、运输等辅助生产；另一种则生产多种产品或提供多种劳务，如从事工具、模具、修理用备件的制造以及机械设备的修理等辅助生产。辅助生产产品和劳务成本的高低，影响到企业产品成本的水平。因此，正确合理地归集和分配辅助生产费用，对于节约费用、降低成本有着重要的意义。

辅助生产费用的归集和分配是通过“生产成本—辅助生产成本”账户进行的。“辅助生产成本”总账应按车间以及产品或劳务的种类设置明细账，账内按照成本项目或费用项目设置专栏，进行明细核算。对于生产产品、劳务单一的辅助生产车间，所发生的一切费用均可直接记入辅助生产成本明细账中；对于生产多种产品、劳务的辅助生产车间，发生的单一成本项目的费用记入辅助生产明细账中，发生的应由几种产品、劳务共同负担的费用，则应先记入“制造费用—辅助生产车间”明细账中，期末，再从“制造费用—辅助生产车间”明细账中转出，分配记入按产品、劳务种类设置的辅助生产成本明细账中。辅助生产完工的产品或劳务的成本，通过分配以后从“生产成本—辅助生产成本”账户的贷方转出，期末如有借方余额则为辅助生产的在产品成本。

辅助生产车间为生产产品、提供劳务所耗用的费用按辅助生产车间分别进行归集后，月终就需采用一定的方法将其在各受益对象之间进行分配。

辅助生产提供的产品和劳务，主要是为基本生产车间和行政管理部门使用和服务的。但在某些辅助生产车间之间，也有相互提供产品和劳务情况的。因此，辅助生产费用的分配，不仅分配给辅助生产车间以外的各受益单位，也要在辅助生产车间之间进行交互分配。凡是基本生产产品直接耗用的辅助产品、劳务，该费用应直接由基本生产产品承担，记入“生产成本—基本生产成本”账户；凡是基本生产车间为管理耗用的辅助产品、劳务，该费用由基本生产车间的制造费用承担，记入“制造费用”账户；凡企业行政管理部门耗用的辅助产品、劳务，该费用记入“管理费用”账户；凡销售部门耗用的辅助产品、劳务，该费用记入“销售费用”账户。

辅助生产费用的分配是通过编制辅助生产费用分配表进行的，通常采用的分配方法有直接分配法、一次交互分配法、计划成本分配法、代数分配法和顺序分配法。

1. 直接分配法

直接分配法是指各辅助生产车间发生的费用，直接分配给除辅助生产车间外的各受益产品或单位，而不考虑各辅助生产车间之间相互提供产品或劳务的情况。

2. 一次交互分配法

一次交互分配法分两步进行，首先根据各辅助生产车间、部门相互提供劳务的数量和交互分配前的单位成本（费用分配率），在各辅助生产车间之间进行一次交互分配；然后，将各辅助生产车间交互分配后的实际费用（交互分配前的费用加上交互分配转入的费用，减去交互分配转出的费用），再按提供产品或劳务的数量和交互分配后的单位成本（费用分配率），在辅助生产车间以外的各受益单位之间进行分配。

3. 计划成本分配法

计划成本分配法是指按辅助生产提供产品或劳务的计划单位成本和各受益部门的受益量进行分配，然后再将计划分配额与实际费用的差额进行调整分配的一种辅助生产费用分配方法。计划成本分配法分两步进行分配。

第一步：计划成本分配阶段。根据各受益部门的受益量和各种产品或劳务的计划单位成本进行分配。

第二步：调整分配阶段。将各辅助生产车间实际发生的费用（即在计划成本分配前已归集的费用加上计划成本分配时转入的费用）与按计划单位成本分配转出的费用之间的差额，即辅助生产产品或劳务的成本差异，追加分配给辅助生产车间以外的各受益单位。为了简化核算工作，一般可以全部记入“管理费用”账户。

4. 代数分配法

代数分配法是运用代数中多元一次联立方程的原理，先根据题意列联立方程，计算出辅助生产产品或劳务的单位成本；然后根据各受益单位的受益量和单位成本分配辅助生产费用的一种方法。

5. 顺序分配法

顺序分配法是指各辅助生产车间按受益多少排序，受益少的排在最前面，先将费用分配出去，受益多的排在后面，后将费用分配出去。其特点是排列在前面的辅助生产车间不负担排列在后面的辅助生产车间的费用。例如企业有供水和供电两个辅助生产车间，供电车间耗用水较少，而供水车间耗电较多，这就可以按照供电、供水的顺序排列，先分配电费，再分配水费。

2.3.1.7　制造费用归集的核算

制造费用大部分是间接用于产品生产的费用，例如机物料消耗、车间辅助人员的职工薪酬、车间厂房的折旧费等。也有一部分直接用于产品生产，但管理上不要求单独核算，也不专设成本项目的费用，例如机器设备的折旧费、保险费等。制造费用还包括车间用于组织和管理生产的费用，例如车间管理人员职工薪酬，车间管理用房屋及设备的折旧费、租赁费和保险费，车间管理用照明费、水费、取暖费、差旅费和办公费等。如果企业的组织机构分为车间、分厂和总厂等若干层次，则分厂与车间相似，也是企业的生产单位，因而分厂用于组织和管理生产的费用，也作为制造费用核算。

制造费用的内容比较复杂，应该按照管理要求分别设立若干费用项目进行计划和核算，归类反映费用的计划执行情况。制造费用的项目有的可以按照费用的经济用途设立；有的可以按照费用的经济内容设立。

制造费用的核算，是通过“制造费用”总账账户进行的。该账户应按车间（基本生产车间、辅助生产车间）、部门设置明细账，账内按照费用项目设专栏或专行，分别反映各车间、部门各项制造费用的发生情况。制造费用发生时，根据有关的付款凭证、转账凭证和前述各种费用分配表，借记“制造费用”账户，贷记“原材料”、“应付职工薪酬”、“累计折旧”、“银行存款”等账户；期末按照一定的标准分配时，从该账户的贷方转出，转入“生产成本——基本生产成本”账户的借方；除季节性生产的车间、分厂外，“制造费用”账户期末应无余额。应该注意，如果辅助生产车间的制造费用是通过“制造费用”账户单独核算，则应比照基本生产车间发生的费用进行核算；如果辅助生产车间的制造费用不通过“制造费用”账户核算，则应全部借记“生产成本——辅助生产成本”账户，并记入有关的辅助生产成本明细账相应的成本或费用项目。

为了正确地计算产品成本，必须合理分配制造费用。基本生产车间只生产一种产品时，制造费用是直接计入费用，应直接计入该种产品成本；基本生产车间生产多种产品时，制造费用应采用既合理又简便的分配方法，分配计入各种产品的生产成本。

在企业的组织机构分为车间、分厂和总厂若干层次的情况下，分厂发生的制造费用，也应比照车间发生的制造费用进行分配，在生产一种产品的情况下，直接计入该种产品的成本；在生产多种产品的情况下，采用适当的分配方法分配计入该分厂各种产品成本。

由于车间、分厂的制造费用水平不同，所以制造费用分配应该按照各车间、分厂分别进行，而不得将各车间、分厂的制造费用统一起来在整个企业范围内统一分配。制造费用的分配方法很多，通常采用的有生产工时比例法、生产工人工资比例法、机器工时比例法和按年度计划分配率分配法等。

1. 生产工时比例法

生产工时比例法是按照各种产品所用生产工人工时的比例分配制造费用的一种方法。按照生产工时比例分配制造费用，能将劳动生产率与产品负担的费用水平联系起来，使分配结果比较合理。计算公式如下：

制造费用分配率 = 制造费用总额/车间生产工人工时总额

某种产品应分配的制造费用 = 该产品生产工人工时 × 制造费用分配率

2. 生产工人工资比例法

生产工人工资比例法是以各种产品的生产工人工资的比例分配制造费用的一种方法。计算公式如下：

制造费用分配率 = 制造费用总额/车间生产工人工资总额

某种产品应分配的制造费用 = 该种产品生产工人工资 × 制造费用分配率

由于工资费用分配表中有着现成的生产工人工资的资料，因此，该种分配方法核算工作很简便。但是采用这一方法，各种产品生产的机械化程度应该相差不多，否则会影响费用分配的合理性。这是因为，制造费用中包括着不少与机械使用有关的费用，例如机械设备的折旧费、修理费、租赁费和保险费等;产品生产的机械化程度高,应该多负担这些费用,而不应该少负担这些费用。

3. 机器工时比例法

机器工时比例法是按照各种产品所用机器设备运转时间的比例分配制造费用的一种方法。这种方法适用于在机械化程度较高的车间,因为在这种车间里,与机器设备使用有关的费用比重较大,如折旧费、修理费,这些费用与机器设备运转的时间有着密切的联系。采用该种方法,必须正确组织各种产品所耗用机器工时的记录工作,以保证制造费用分配的正确性。

4. 年度计划分配率分配法

年度计划分配率分配法是按照年度开始前确定的全年适用的计划分配率分配费用的一种方法。假定以定额工时作为分配标准,其分配计算的公式为:

年度计划分配率=年度制造费用计划总额/年度各种产品计划产量的定额工时总额

某月某种产品应分配的制造费用=该月该种产品实际产量的定额工时数×年度计划分配率

采用该种分配方法,不管各月实际发生的制造费用是多少,每月各种产品成本中的制造费用都按年度计划确定的计划分配率分配。年度内如果发现全年制造费用的实际数和产量实际数与计划数发生较大差额时,应及时调整计划分配率。

2.3.2 完工产品和在产品的成本分配方法

正确计算期末在产品成本是正确计算本期完工产品成本的关键。如果企业在产品品种规格多,流动性大,完工程度不一,那么在产品成本的计算就是一个比较复杂的问题。企业应当根据期末在产品数量的多少,各月在产品数量变化的大小,产品成本中各成本项目比重的大小以及企业成本管理基础工作的好坏等具体情况,选择合理的在产品成本计算方法,从而正确、简便地计算出本月完工产品的成本。常用的在产品成本计算方法有:不计算在产品成本法、在产品按年初数固定计算法、在产品按所耗原材料费用计算法、约当产量法、在产品按完工产品计算法、定额成本法和定额比例法等。

2.3.2.1 不计算在产品成本法

采用这种分配方法时,虽然有月末在产品,但不计算成本。这种方法适用于各月月末在产品数量很小的产品,如果各月月末在产品的数量很小,那么月初和月末在产品费用就很小,月初在产品费用与月末在产品费用的差额更小,不计算各月在产品成本对于完工产品成本的影响不大。因此,为了简化产品成本计算工作,可以不计算在产品成本。就是说,这种产品每月发生的生产费用,全部由该种完工产品负担,其每月生产费用之和也就是每月完工产品成本。例如原煤、原油生产企业和电力企业,由于没有或者月末在产品很少,就可以不计算月末在产品成本。

采用这种方法计算完工产品成本,生产成本明细账上既没有期初余额,也没有期末余额。因此,本月发生的生产费用,就是本月完工产品成本。用公式表示如下:

本月完工产品成本=本月发生的生产费用

2.3.2.2 在产品按年初数固定计算法

采用这种分配方法,各月末在产品的成本固定不变。这种方法适用于各月末在产品数量较小,或者在产品数量虽大,但各月之间变化不大,并且各项成本费用水平比较稳定的产品。这是因为,如果月末的在产品数量不是很小或者较大,仍然不计算在产品成本,会使产品成本核算反映的在产品资金占用不实,不利于资金管理;这些产品不计价入账,成为账外财产,还会影响对这些财产实行会计监督。对于月末在产品数量较小的产品来说,由于月初和月末在产品费用较小,月初在产品费用与月末在产品费用的差额很小,算不算各月在产品费用的差额对于完工产品费用的影响不大;对于各月末在产品数量较大的产品来说,月初和月末在产品费用虽然较大,但由于各月末在产品数量变化不大,因而月初、月末在产品费用的差额仍然不大,算不算各月在产品费用的差额对于完工产品费用的影响仍然不大。因此,为了简化产品成本计算工作,上述两种产品的每月在产品成本都可以固定不变。

采用这种分配方法的产品,每月发生的生产费用之和即为该月该种完工产品的成本。但在年末,应该根据实际盘点的在产品数量,具体计算在产品成本,据以计算 12 月份产品成本,并将算出的年末在产品成本作为下一年度各月固定的在产品成本,以免相隔时间过长,在产品成本与实际出入过大,影响产品生产成本计算的正确性。

用这种方法计算完工产品成本,生产成本明细账上期初余额和期末余额是相等的,因此本月发生的生产费用,就是本月完工产品成本。用公式表示如下:

$$\text{本月完工产品成本} = \text{本月发生的生产费用}$$

年末,在对在产品实地盘点后,12 月份的在产品成本应按实地盘点结果确认。12 月份完工产品成本的计算公式如下:

$$\text{本月完工产品成本} = \text{月初在产品成本} + \text{本月发生生产费用} - \text{月末盘点确认的在产品成本}$$

2.3.2.3　在产品按所耗原材料费用计算法

采用这种分配方法时,月末在产品只计算其所耗用的原材料费用,不计算直接人工等加工费用。即产品的加工费用全部由完工产品成本负担。这种方法适用于各月末在产品数量较大,各月末在产品数量变化也较大,但原材料费用在成本中所占比重较大的产品。这是因为,各月末在产品数量较大,各月末在产品数量变化也较大的产品,如果在产品不计算成本或按固定成本计价,会对完工产品成本的正确性产生较大影响,因此必须具体计算每月末的在产品成本。但是,由于该种产品的原材料费用比重较大,因而直接人工等加工费用比重不大,在产品成本中的加工费用,以及月初、月末在产品加工费用的差额不大,月初和月末在产品的加工费用基本上可以互相抵销。因此,为了简化成本计算工作,在产品可以不计算加工费用。产品的全部生产费用,减去按所耗原材料费用计算的在产品成本,就是该种完工产品的成本。

用这种方法计算完工产品成本,生产成本明细账上期初和期末余额仅指期初、期末在产品耗用的原材料费用。公式表示如下:

$$\text{本月完工产品成本} = \begin{matrix}\text{月初在产品成本}\\(\text{只有材料成本})\end{matrix} + \text{本月发生生产费用} - \begin{matrix}\text{月末在产品成本}\\(\text{只有材料成本})\end{matrix}$$

2.3.2.4　约当产量法

约当产量法是将月末在产品数量按照完工程度折算为相当于完工产品的产量,即约当产量,然后按照完工产品产量与月末在产品约当产量的比例分配计算完工产品成本和月末在产品成本的一种方法。这种方法适用于月末在产品数量较大,各月末在产品数量变化也较大,产品成本中原材料费用和直接人工等加工费用的比重相差不大的产品。

在生产过程中,在产品的直接材料费用与直接人工和制造费用的发生情况是不一致的。原材料在生产开始时一次投入的情况下,在产品的投料程度(完工程度)为100%,即在产品应与完工产品同等分配材料费用;如果原材料随产品加工进度陆续投入,原材料投入的程度与加工进度基本一致,则在产品与完工产品不能等额分配材料费用;而直接人工费用和制造费用总是陆续发生的。因此,在产品完工程度应按照成本项目分别确定,即分别计算确定在产品的投料程度和加工程度。

这种分配方法的分配程序和计算公式如下:

第一步:计算月末在产品约当产量

$$在产品约当产量=在产品数量\times完工百分比$$

第二步:计算各项费用分配率

$$某项费用分配率=\frac{该项费用总额}{完工产品产量+在产品约当产量}$$

第三步:计算分配各项费用

$$在产品该项费用=在产品约当产量\times该项费用分配率$$

$$完工产品该项费用=完工产品产量\times该项费用分配率$$

为了提高成本计算的正确性并加速成本计算工作,可以根据各工序的累计工时定额占完工产品工时定额的比率,事前确定各工序在产品的完工率。在产品完工率的计算公式为:

$$某道工序在产品完工率=\frac{前面各道工序工时定额之和+本工序工时定额\times50\%}{产品工时定额}$$

2.3.2.5 在产品按完工产品计算法

在产品按完工产品计算法是将在产品视同完工产品,在产品和完工产品等额分配生产费用的一种分配方法。该方法适用于月末在产品已经接近完工,只是尚未包装或尚未验收入库的产品。因为在产品已接近完工,后续费用很小,为简化成本计算工作,所以将在产品视为完工产品,并按在产品和完工产品的数量比例分配直接材料费用和加工费用。该种费用分配方法的分配程序和计算公式如下:

第一步:计算各项费用分配率

$$某项费用分配率=\frac{该项费用总额}{完工产品数量+在产品数量}$$

第二步:分配各项费用

$$在产品该项费用=在产品数量\times该项费用分配率$$

$$完工产品该项费用=完工产品数量\times该项费用分配率$$

2.3.2.6 定额成本法

定额成本法是指月末在产品成本按定额成本计算,月末在产品实际成本脱离定额的差异全部由完工产品成本负担。这种方法适用于各项消耗定额或费用定额比较准确、稳定,而且各月末在产品数量变化不大的产品。

定额法下要对完工产品成本进行正确的分析和评价，必须对月末在产品按新旧两种定额成本进行计价，并计算两者的差额，这要增加成本核算和分析的工作量。因此，采用定额成本法，产品的各项消耗定额还必须比较稳定，也就是不需要经常修订消耗定额。

定额成本法下，完工产品成本可以按以下公式计算：

本期完工产品成本 = 月初在产品定额成本 + 本月发生生产费用 − 月末在产品定额成本

在实际工作中，月末在产品定额成本按成本项目分项计算，根据月末盘存在产品实际数量和费用定额进行，有关计算公式如下：

月末在产品材料定额成本 = 月末在产品实际数量 × 单位在产品材料定额成本

月末在产品直接人工定额成本 = 月末在产品定额工时 × 定额工时工资率

2.3.2.7　定额比例法

定额比例法是根据月末在产品定额耗用量（或定额费用）和完工产品定额耗用量（或定额费用）的比例来分配生产费用，以确定月末在产品和完工产品实际成本的方法。其中，直接材料按直接材料的定额耗用量或定额费用的比例分配；直接人工等加工费用，可以按各该定额费用的比例分配，也可按定额工时比例分配。由于加工费用的大小与生产时间有密切的关系，为简化成本计算工作，加工费用一般按定额工时比例分配。

定额比例法适用于各项消耗定额或费用定额比较准确、稳定，但各月末在产品数量变动较大的产品。因为各月末在产品数量变化较大，即使消耗定额或费用定额准确、稳定，月初在产品费用脱离定额的差异总额与月末在产品费用脱离定额的差异总额的差额也会较大，如果仍采用前述定额成本法计算月末在产品成本，完工产品就可能负担较大的脱离定额的差异，从而影响完工产品成本计算的准确性。基于以上考虑，当各月末在产品数量变动较大，而成本定额管理基础较好的企业，可以采用定额比例法。

2.4　成本核算方法

煤炭企业应根据其生产特点和管理要求确定成本计算对象，选择成本计算方法。煤炭生产企业一般采用品种法核算，装备制造等企业一般可采用分批法或分步法。

2.4.1　品种法

品种法，是以产品品种作为成本计算对象来归集生产费用、计算产品成本的一种方法。

2.4.1.1　品种法的特点

运用品种法计算产品成本的企业，从生产工艺特点看属于单步骤生产，从产品生产组织特点看属于大量大批生产。这种生产类型决定了品种法在成本计算对象、成本计算期和生产费用分配方面有如下特点：

（1）以产品品种（主要是企业最终产品的品种）为成本计算对象，开设产品成本计算单或生产成本明细账。如果企业只生产一种产品，那么企业发生的各项生产费用都是直接费用，可直接计入产品成本计算单。如果企业同时生产两种或两种以上产品，则应按产品品种开设若干产品成本计算单,并按成本项目设置专栏。生产产品直接发生的费用直接计入各成本计算对象的成本计算单;共同发生的费用按一定的分配标准分配计入各成本计算单的有关栏目。

(2)按月定期计算产品成本。大量大批生产意味着不断投入、不断产出,很难确定产品的生产周期,而且在产品陆续完工时随时计算其成本也有一定的难度。因此,为反映产品的生产费用的信息,一般在月末计算当月的生产成本。

(3)生产费用在完工产品与在产品之间的分配。品种法适用于大批大量单步骤以及大批大量多步骤生产但管理上不要求分步骤计算产品成本的企业,因此月末有的企业没有在产品或只有少量在产品有的企业可能存在较多的在产品。没有或只有少量在产品,不需要计算在产品成本,生产成本明细账上登记的全部生产费用,就是该产品的完工产品成本。如果在产品数量较多、占用费用较大,就需要采用合理的分配方法,在完工产品与在产品之间分配生产费用。

2.4.1.2　品种法的计算程序

品种法的计算程序如下:

(1)按产品品种开设成本计算单或设置成本明细账,并按成本项目设置专栏。有月初在产品的产品,还应在成本明细账中登记月初在产品成本。

(2)根据各项生产费用发生的原始凭证和其他有关资料,编制各要素费用分配表,分配各项要素费用。

(3)根据各要素费用分配表及其他费用凭证,登记产品成本计算单、辅助生产成本明细账、制造费用明细账、管理费用明细账等有关的明细账。

(4)根据辅助生产成本明细账编制辅助生产成本分配表,采用适当的分配方法在各受益者之间分配,并登记有关费用明细账。

(5)根据制造费用明细账归集的全月费用,编制制造费用分配表,在各种产品之间分配费用,并据以登记各产品成本计算单。

(6)根据产品成本计算单所归集的全部费用,采用适当的方法在完工产品与在产品之间分配,计算当月完工产品与在产品的成本;编制完工产品成本汇总表,计算各种完工产品的总成本和单位成本。

2.4.2　分批法

分批法就是按照产品的批别作为成本计算对象来归集生产费用、计算产品成本的一种方法。它适用于单件、小批生产的企业和车间,如造船、重型机器制造、精密仪器制造等。

2.4.2.1　分批法的特点

1. 成本计算对象

分批法的成本计算对象就是产品的定单或批别。企业为了计算各批产品成本,应按产品的定单或批别设置产品成本明细账。

在按照产品的定单设置产品成本明细账时,应根据下列情况分别确定。如果在一张定单中涉及的产品不只一种,为了分析和考核各种产品成本计划的执行情况,并便于生产管理,还要按照产品的品种划分批次,设置产品成本明细账;如果一张定单中只涉及一种产品,但是这种产品的数量较大,不便于一次投产,或者购货单位要求分批交货的,也可以将其分为几批,分别组织生产和分设产品成本明细账计算产品成本;如果在一张定单中只有一种产品,且价值较大,生产周期较长,也可以按照产品的组成部分分批组织生产和分批设置产品成本明细账,计算产品成本;如果在同一时期内,在几张定单中所订购的产品相同,为了更加经济合理地组织生产,也可以将这些定单合为一批组织生产和分设产品成本明细账,计算产品成本。

2. 成本计算期

在采用分批法计算成本时,产成品成本往往要在定单产品全部完工后才能计算,所以成本计算期为生产周期,它是不定期的。成本计算期同生产周期一致,而与会计核算的报告期不一致。

3. 生产费用在完工产品和月末在产品之间的分配

在采用分批法计算成本的企业中,月终未完工的定单,就是月末在产品,产品成本明细账上所归集的生产费用,就是月末在产品成本。定单完工后,把产品成本明细账上所归集的生产费用进行结算,就是产成品成本。因此,这种方法从理论上来讲,只有生产费用在各种产品之间的分配问题,而不存在生产费用在完工产品和月末在产品之间的分配问题。但是,在实际工作中,由于会计核算上的需要,并且在月末时,如果一批产品既有完工产品又有在产品,应采用适当的分配方法,将归集到产品成本明细账中的生产费用,在完工产品和月末在产品之间进行分配。完工产品成本的计算方法可以比照后面的分批出货成本的计算方法进行计算。

4. 间接计入费用的分配方法

在实际工作中,企业发生的应由各批产品共同负担的间接计入费用,如直接人工、制造费用等,这些费用的分配方法有两种:一是当月分配法,即当月发生的间接计入费用,在月末按照一定的标准全部分配计入当期所生产的各批产品成本;二是累计分配法,即当月发生的间接计入费用,在月末暂不分配计入当期所生产的各批产品成本,当某月有完工批次产品时,再计算分配完工批次产品应负担的各项间接计入费用。

2.4.2.2　分批法的步骤

为了正确、及时地计算产品成本,分批法成本计算的程序具体可以分为下列几个步骤:

(1)设置产品成本明细账。根据产品定单或产品生产通知单(内部定单),开设产品成本明细账(即产品成本计算单)。产品成本明细账可按车间、成本项目分设专栏,把有关这一张定单的直接成本或间接成本全部记入。为了便于分析、考核各车间的工作业绩,加强车间成本管理,除会计部门设置的产品成本明细账外,各车间也可按每一定单或每一批产品开设一张产品成本明细账,记录每一定单在本车间发生的费用情况。

(2)做好费用核算的基础工作,以便于费用的归类和列支。在分批法下十分强调按定单或批别归集费用,因此各张定单,各批产品所直接耗用的各种直接材料、加工费用,都要在有关的原始凭证上填明定单号及生产通知单号,以便将费用整理、归集记入各产品成本明细账内,间接费用要填明其用途和费用发生地点。

(3)月终根据费用的原始凭证编制直接材料、直接人工等费用分配表。直接费用要根据费用发生时取得或填制的原始凭证上定单号、生产通知单号、批别号,据以记入有关的产品成本明细账。辅助生产成本、各车间制造费用要按原始凭证填明的发生地点、费用明细账目,通过直接材料、直接人工等费用分配表,汇总记入辅助生产成本、制造费用等明细账。

(4)编制辅助生产费用分配表,分配辅助生产费用。月末企业应将归集到辅助生产成本明细账中的费用,采用一定的方法进行分配。把各定单、生产通知单、各批产品直接耗用的辅助生产产品、劳务的成本,直接计入各有关产品成本明细账内。各车间、管理部门一般消耗的辅助生产产品、劳务的成本,直接记入制造费用及管理费用明细账。

(5)编制制造费用分配表,分配制造费用。月末企业应根据各车间的制造费用明细账汇总的费用总额,按照规定的分配方法,分配记入有关的产品成本明细账。

(6)及时传递有关费用等凭证,计算产品成本。当某定单、生产通知单或某批产品完工、检验合格后,应由车间填制完工通知单,并及时送交会计部门,以便计算成本。已经发出完工通知单的定单,以后一般不能再发生费用。剩余的半成品、材料、废料要进行盘点清理、计价、办理退库手续,供以后使用,如不能使用,则按废料价值计算,从有关产品成本明细账中扣除。

(7)编制产品成本计算表。会计部门收到车间送来的完工通知单,要检查该产品成本明细账及有关凭证,检查是否将有关直接、间接费用全部登记入账,有无误记或漏记,多余退库金额是否已扣除。检查无误后,把产品成本明细账上已归集的成本费用加计总数,扣除退库的材料、半成品以及废料价值,得到产成品的实际总成本,除以完工数量就是产品的单位成本。根据产品成本明细账和原始凭证的资料,即可编制产品成本计算表。

(8)月终未完工定单的产品成本明细账所归集的生产费用就是在产品成本。

2.4.3 分步法

2.4.3.1 分步法的特点

分步法的一般特点体现在下列几个方面。

1. 成本计算对象

分步法的成本计算对象是企业所生产的产成品和产品所经过的各个生产步骤。

在采用分步法计算产品成本时,产品成本明细账应按生产步骤和产品品种设立;或者按生产步骤设立,分产品品种反映。

产品成本计算的分步与实际的生产步骤不一定完全一致。为了简化成本计算工作,也可以只对管理上认为有必要分步计算成本的生产步骤单独设立产品成本明细账,单独计算成本;管理上不要求单独计算成本的生产步骤,则可与其他生产步骤合并设立产品成本明细账,合并计算成本。例如,造纸企业的包装步骤,如果费用不大,为了简化成本计算工作,也可以与制纸步骤合并在一起计算成本。

此外,在按生产步骤设立车间的企业中,一般说来,分步计算成本也就是分车间计算成本。但是,如果企业生产规模很小,管理上不要求分车间计算成本,也可以将几个车间合并为一个步骤计算成本。相反,如果企业生产规模很大,车间内还可以分成几个生产步骤,管理上又要求分步计算成本,这时,也可在车间内分步计算成本。因此,分步计算成本和分车间计算成本,有时也不是一个概念。

2. 成本计算期

产品成本计算期是指多长时间计算一次成本,即两次产品成本计算的间隔时间。从理论上来讲,产品成本计算应在产品全部完工后进行,即按产品的生产周期计算产品成本。但是对于适用于分步法的大量大批多步骤生产企业来讲,这类企业产品的生产一般有这样的特点:生产的产品产量大、产品的品种单一,产品的生产周期较短,因此不可能按产品的生产周期计算成本,只能按月定期计算产品的成本。这样,产品的成本计算期与会计核算期相一致。

3. 生产费用在完工产品和在产品之间的分配

由于在大量大批多步骤生产类型企业中,产品的生产往往跨月陆续完工,月末既有完工产品,又有在产品。因此,在采用分步法计算产品成本时,记入各种产品、各生产步骤成本明细账中的生产费用,大多要采用适当的分配方法在完工产品和月末在产品之间进行分配,计算各该产品、各该生产步骤的完工产品成本和月末在产品成本;然后按照产品品种结转各步骤的完工产品成本,计算每一种产成品的成本。

4. 各生产步骤之间成本费用的计算和结转方式

根据成本管理对各生产步骤成本资料的不同要求(要不要计算各生产步骤的半成品成本)和对简化成本计算工作的考虑,各生产步骤成本的计算和结转,可以采用逐步结转和平行结转两种方法。这样,分步法按照各生产步骤之间费用成本的计算和结转方式不同可以分为逐步结转分步法和平行结转分步法两种。逐步结转分步法按照半成品成本在下一步骤成本计算单中反映方法不同,又可以分为逐步综合结转分步法和逐步分项结转分步法两种。

2.4.3.2 逐步结转分步法的特点

逐步结转分步法,是按照产品的生产步骤逐步计算并结转半成品成本,最后计算出产成品成本的一种成本计算方法。逐步结转分步法的特点如下。

1. 成本计算对象

逐步结转分步法的成本计算对象就是企业所生产的各种产成品和各个生产步骤加工生产的各种半成品。这样,在设置产品成本明细账时,可以按生产步骤分产品来设置,以便计算各步骤所生产的半成品的成本和最后一个步骤所生产的产成品的成本。

2. 成本计算期

在采用逐步结转分步法时,产品的成本计算期与会计核算期一致,即按月定期计算产品成本。

3. 生产费用在完工产品和月末在产品之间的分配

在大量大批多步骤生产企业中,期末不仅有大量的完工产品,而且往往有大量的在产品。因此,在采用逐步结转分步法计算产品成本时,期末一般应将记入各种产品、各生产步骤成本明细账中的生产费用,采用适当的分配方法在完工产品和月末在产品之间进行分配,以便计算各该产品完工产品成本和月末在产品成本。在此,完工产品的含义是广义的,它不仅包括最后一个生产步骤生产的最终产成品,还包括前面各步骤所生产的,需要进一步加工的半成品;在产品的含义是狭义的,仅指正在各步骤加工中的产品。

2.4.3.3　平行结转分步法的特点

平行结转分步法的一般特点如下。

1. 成本计算对象

平行结转分步法的成本计算对象就是企业所生产的各种产成品和各个生产步骤应计入产成品成本“份额”。在设置产品成本明细账时,可以按步骤分产品来设置,以便计算各生产步骤应计入产成品成本“份额”和企业所生产的最终产成品的成本。

2. 成本计算期

企业在采用平行结转分步法时,产品的成本计算期与会计核算期相一致,按月定期计算产品的成本。

3. 生产费用在完工产品和在产品之间的分配

在大量大批多步骤生产企业中,期末不仅有大量的完工产品,而且往往有大量的在产品。因此,在采用平行结转分步法计算产品成本时,期末一般应将记入各种产品、各生产步骤成本明细账中的生产费用,采用适当的分配方法在完工产品和月末在产品之间进行分配,以便计算各该产品完工产品成本和月末在产品成本。在此,完工产品的含义是狭义的,它仅仅是指企业所生产的最终产成品;在产品的含义是广义的,它不仅包括正在各步骤加工中的产品,还包括经过本步骤加工,并且已经从本步骤转出,但是尚未构成最终产成品的半成品等。具体包括:①尚在本步骤加工中的在产品;②本步骤已完工转入半成品库的半成品;③已从半成品库转到以后各步骤进一步加工、尚未最后产成的在产品。这是就整个企业而言的广义在产品。

2.5　成本报告

2.5.1　成本报告的目的、特点及作用

2.5.1.1　成本报告的目的

成本报告是根据企业成本管理的需要,以日常成本核算和其他相关资料编制的,用以反映企业一定时期产品成本和经营管理费用水平、构成及其升降变动情况据以考核和分析成本计划完成情况的报告文件。

成本报告是企业内部报表。编报的目的,是向企业管理部门提供有关成本信息,以便加强企业内部的成本管理工作,及时反映、监督、考核和分析企业生产费用预算和产品成本计划的执行情况及其结果,使日常成本核算取得的各种资料得到充分有效的利用,企业定期或不定期地编制成本报表。企业管理层可以了解企业成本管理的现状和发展趋势,并与其他方面的信息联系起来综合加以分析,为企业经营决策提供及时、准确、有效的依据,使决策更加科学、合理;企业管理部门可以了解企业各项费用预算和成本计划的执行情况,各成本项目变动的趋势和成本降低任务的完成动态等资料,及时发现经营管理工作中存在的问题,以便采取有效的改进措施;企业职工可以了解到本人完成成本计划的业绩、经验和差距,并能掌握整个企业成本计划的执行情况,以便监督企业的各项经济活动。

2.5.1.2　成本报告的特点

(1)成本报告是为企业内部生产经营管理需要而编制,报表采用什么形式,填列哪些内容以及何时编报等,完全取决于企业的生产特点和管理要求,因此具有灵活、多样、实用和保密性的特点。

(2)成本报告与企业的生产特点和管理要求密切相关,不同企业的成本报告具有不同的形式和内容,存在一定的差异,因此成本报告具有个性化的特点。

(3)成本报告是会计资料和其他技术经济资料相结合的产物,提供的信息具有综合性和全面性的特点。

2.5.1.3　成本报告的作用

正确、及时地编报成本报表,对加强企业成本管理工作,节约生产费用支出和降低产品成本都具有重要作用。

(1)企业和主管企业的上级机构(或公司)利用成本报表,可以分析、考核企业成本、费用计划的执行情况,评价企业工作质量,促使企业降低成本、节约费用,从而提高企业的经济效益,增加国家的财政收入。

(2)通过对成本的分析,可以揭示成本差异对产品成本升降的影响以及发现产生差异的原因,查明经济责任,并有针对性地采取措施,进一步提高企业生产、技术和经营、管理的水平,挖掘节约费用支出和降低产品成本的潜力,提高企业的经济效益。

(3)成本报表所提供的实际成本、费用资料,不仅可以满足企业加强日常成本、费用控制的需要,而且是企业进行成本、费用和利润的预测,制定有关的生产经营决策,编制成本、费用和利润计划,确定产品价格等的重要依据。

2.5.2　成本报告的种类、编制依据和要求

2.5.2.1　成本报告的种类

企业成本报告的种类、项目、格式和编制方法以及具体报送对象等,也可以由主管企业的上级机构会同企业共同规定。

1. 成本报告按报送对象分类

成本报告按其报送对象可以分为对外成本报告和对内成本报告两类。

对外成本报告是指企业向外部单位,如上级主管部门和联营单位等报送的成本报告。在社会主义市场经济条件下,成本报告一般被认为是企业内部管理用的报表,为了保守商业秘密,按惯例不对外公开,但在我国国有企业和集体企业占比重较大的情况下,为了管理上的需要,企业都仍然有分管和托管的主管部门,这些主管部门为了监督和控制成本费用,了解目标成本的完成情况,进行同行业的分析对比,并为成本预测和决策提供依据,以及满足投资者了解企业经营状况和经营成果的需要,都要求企业提供成本数据资料。实际上这仍然是一种内部报表,只不过是一种扩大范围的内部报表。

对内报告是指为了企业内部经营管理需要而编制的成本报告。此类报表由于不对外报送,所以,其内容、种类、格式、编制程序和方法、编制时间和报送对象,均由企业根据自己生产经营和管理的需要自行确定。内部成本报告编制的目的,主要在于让企业领导和

职工了解企业日常成本费用计划、预算执行的情况,以便调动各方面的积极性,控制费用的发生,降低产品成本,提高企业经济效益。同时,为企业领导、管理人员和投资者提供成本信息资料,以便进行决策和采取有效措施,不断降低成本费用。

2. 成本报告按反映的内容分类

成本报告按其所反映的内容可以分为反映产品成本情况的报告和反映各种费用支出情况的报告两类。

反映产品成本情况的报告侧重于揭示企业在一定时期为生产一定种类和数量的产品所花费的成本水平及其构成情况,并与计划成本、上年实际成本、历史最好水平成本以及同行业先进水平成本相比较,通过比较分析,找出差距,明确薄弱环节,进一步采取有效措施,为挖掘降低产品成本的内部潜力提供有效的数据资料。属于此类报表的有产品生产成本表、主要产品单位成本表等。

反映各种费用支出情况的报告侧重于揭示企业在一定时期内各种费用支出总额及其构成情况,并与费用预算、上年实际费用进行比较,通过比较分析,了解各种费用支出的合理性,以及变动情况与变动趋势,便于企业和主管部门正确制定费用预算,控制费用支出,考核费用支出的合理性,明确有关部门和人员的经济责任,防止随意扩大费用开支范围。属于此类报表的有制造费用明细表、销售费用明细表、管理费用明细表、财务费用明细表等。

3. 成本报告按编报的时间分类

成本报告按其编报的时间可以分为定期编报报表和不定期编报报表两类。

定期编报的成本报告根据管理上的要求一般又可分为月报、季报、年报,其主要目的是定期反映一定时期的成本水平及其构成情况,以满足企业定期考核、分析成本计划完成情况的需要。此外,为了满足企业内部管理的特殊需要,也可以按旬、按周、按日,甚至按工作班组编报,其目的在于及时提供成本核算数据资料,服务于企业生产经营的全过程,充分发挥成本核算及时指导生产的作用,满足日常成本管理的需要。

不定期编报的成本报告是企业为了满足临时的、特殊的需要而向有关部门和人员编报的成本报告。如企业为了将成本管理与技术管理相结合,分析企业产品成本升降的具体原因,进一步寻求降低成本的途径和方法,而将成本指标与技术经济指标结合起来,不定期地向有关部门和人员编报的技术经济指标变动对产品成本影响情况的报表等。不定期报表可以及时反映和反馈成本信息,揭示存在的问题,促使有关部门和人员及时采取措施,改进工作,提供效率,控制费用的发生,达到节约费用支出、降低成本的目的。

2.5.2.2　成本报告的编制依据和要求

企业成本报告编制的主要依据有:成本费用核算记录资料,如总账和明细账记录;报告期的成本计划和费用预算资料;以前年度的成本报告资料,与成本有关的统计资料以及报告期内为降低成本、加强管理所采取的措施资料等。

企业成本报告编制的要求是:成本信息资料必须真实可靠,不得有虚假;成本数据计算必须正确无误,确保成本报告的质量;报告内容要完整无缺,且编报及时。

2.5.3 成本报告编制

2.5.3.1 产品生产成本表的编制

产品生产成本表是反映企业在报告期内生产的全部产品的总成本的报表。该表一般分为两种,一种按成本项目反映,另一种按产品种类反映。两种报表的结构、作用和编制方法各不相同。

1.按成本项目反映的产品生产成本表的编制

按成本项目反映的产品生产成本表是按成本项目汇总反映工业企业在报告期内发生的全部生产费用以及产品生产成本合计数的报表。

按成本项目反映的产品生产成本表一般可以分为生产费用和产品成本两部分,其中生产费用部分按照成本项目反映报告期内发生的各种生产费用及其合计数;产品生产成本部分是在生产费用合计数的基础上,加上在产品和自制半成品的期初余额,减去在产品和自制半成品的期末余额,计算出产品生产成本的合计数。这些费用和成本,还可以按上年实际数、本年计划数、本月实际数和本年累计实际数,分栏反映。

现列示某企业 2010 年 12 月份按成本项目反映的产品生产成本表如表 2-1 所示。

表 2-1 产品生产成本表(按成本项目反映)

××企业 2010 年 12 月 单位:元

项目	上年实际数	本年计划数	本月实际数	本年累计实际数
直接材料	84 752	82 260	8 288	80 252
直接人工	34 908	38 768	3 212	32 480
制造费用	40 616	41 612	4 196	34 920
生产成本合计	160 276	162 640	15 696	147 652
加:在产品、自制半成品期初余额	8 568	8 200	864	1 618
减:在产品、自制半成品期末余额	13 600	21 760	3 134	3 134
产品生产成本合计	155 244	149 080	13 426	146 136

该表的填列方法如下:

(1)上年实际数应根据上年度 12 月份本表的本年累计实际数填列。

(2)本年计划数应根据本年度成本计划的有关资料填列。

(3)本月实际数应根据各种产品成本明细账中本月生产费用合计数,按照成本项目分别汇总填列。

(4)本年累计实际数应根据本月实际数,加上上月份本表的本年累计实际数计算填列。

(5)期初、期末在产品、自制半成品的余额,应根据各种产品成本明细账的期初、期末在产品成本和各种自制半成品明细账的期初、期末余额分别汇总填列。

(6)产品生产成本合计数根据表中的生产费用合计数,加、减在产品,自制半成品期初、期末余额求得。

表 2-1 中“本月实际数”和“本年累计实际数”的产品生产成本合计数,应与后列产品生产成本(按产品种类反映)表中相应的产品生产成本合计数核对相符。

按成本项目反映的产品生产成本表有以下几方面的作用:

(1)可以反映报告期内全部产品生产费用的支出情况和各种费用的构成情况,并据以进行生产费用支出的一般评价。

(2)将 12 月份该表本年累计实际生产费用与本年计划和上年实际生产费用相比较,可以考核和分析年度生产费用计划的执行结果以及本年生产费用比上年的升降情况。

(3)将表中各期产品生产成本合计数与各该期的产值、销售收入或利润进行对比,可以计算成本产值率、成本销售收入率或成本利润率,还可以考核和分析各该期的经济效益。

(4)将 12 月份该表本年累计实际产品生产成本与本年计划数和上年实际数相比较,还可以考核和分析年度产品生产总成本计划的执行结果,以及本年产品生产总成本比上年的升降情况,并据以分析影响产品成本升降的各项因素。

2. 按产品种类反映的产品生产成本表的编制

按产品种类反映的产品生产成本表是按产品种类汇总反映工业企业在报告期内生产的全部产品的单位成本和总成本的报表。

按产品种类反映的产品生产成本表可以分为基本报表和补充资料两部分。基本报表部分横向可以分为产量、单位成本、本月总成本和本年累计总成本四个专栏,按照产品种类分别反映本月产量、本年累计产量以及上年实际成本、本年计划成本、本月实际成本和本年累计实际成本。纵向按可比产品和不可比产品分别反映其单位成本和总成本。可比产品是指上一年度正式生产过、具有上年成本资料的产品。对于可比产品,因需要同上年度实际成本进行比较,所以表中不仅要列示本期的计划成本和实际成本,而且还要列示按上年实际平均单位成本计算的总成本。不可比产品是指上一年度没有正式生产过、没有上年成本资料的产品。对于不可比产品,因没有上年的实际单位成本可比,所以只列示计划成本和实际成本。

补充资料部分反映企业可比产品成本降低额和降低率。

现列示上例企业 2010 年 12 月份按产品种类反映的产品生产成本表如表 2-2 所示。

补充资料:

(1)可比产品成本降低额 29 040 元。

(2)可比产品成本降低率 17.71%。

按产品种类反映的产品生产成本表的填列方法如下:

(1)产品名称应按照企业规定的主要商品产品的品种分项列示。

(2)本月实际产量应根据相应的产品成本明细账填列。

(3)本年累计实际产量应根据本月实际产量,加上上月本表的本年累计实际产量计算填列。

表 2-2　产品生产成本表(按产品种类反映)

××企业　　2010 年 12 月　　单位:元

产品名称	计量单位	产量(台)			单位成本				本月总成本			本年累计总成本		
		本月实际	本年计划	本年实际累计	上年实际平均	本年计划	本月实际	本年累计实际平均	按上年实际平均单位成本计算	按本年计划单位成本计算	本月实际	按上年实际平均单位成本计算	按本年计划单位成本计算	本年实际
可比产品合计	×	×	×	×	×	×	×	×	15 300	13 840	12 250	163 980	148 440	134 940
其中:														
1. 甲产品	台	60	620	630	122	112	96	98	7 320	6 720	5 760	76 860	70 560	61 740
2. 乙产品	台	50	600	600	102	92	85	86	5 100	4 600	4 250	61 200	55 200	51 600
3. 丙产品	台	40	440	360	72	63	56	60	2 880	2 520	2 240	25 920	22 680	21 600
不可比产品合计	×	×	×	×	×	×	×	×	×	1 326	1 176	×	12 216	11 196
其中:														
1. 子产品	台	6	50	54	×	174	150	154	×	1 044	900	×	9 396	8 316
2. 丑产品	台	6	60	60	×	47	46	48	×	282	276	×	2 820	2 880
产品成本合计	×	×	×	×	×	×	×	×	×	15 166	13 426	×	160 656	146 136

(4)上年实际平均单位成本应根据上年度本表所列全年累计实际平均单位成本填列。

(5)本年计划单位成本应根据本年度成本计划填列。

(6)本月实际单位成本应根据表中本月实际总成本除以本月实际产量计算填列。如果在产品成本明细账或产成品成本汇总表中有现成的本月产品实际产量、总成本和单位成本,表中这些项目都可以根据产品成本明细账或产品成本汇总表填列。

(7)本年累计实际平均单位成本,应根据表中本年累计实际总成本除以本年累计实际产量计算填列。

(8)按上年实际平均单位成本计算的本月总成本和本年累计总成本,应根据本月实际产量和本年累计实际产量,乘以上年实际平均单位成本计算填列。

(9)按本年计划单位成本计算的本月总成本和本年累计总成本,应根据本月实际产量和本年累计实际产量,乘以本年计划单位成本计算填列。

(10)本月实际总成本,应根据产品成本明细账或产品成本汇总表填列。

(11)本年累计实际总成本,应根据产品成本明细账或产品成本汇总表本年各月产成品成本计算填列。

企业如果有不合格品,应单列一行,并注明“不合格品”字样,不应与合格产品合并填列。

(12)补充资料中,可比产品实际或计划成本降低额和降低率,应根据下列公式计算后填列。概括来讲如下:

$$产品总成本 = 产品产量 \times 产品单位成本$$

产品产量有本月实际产量和本年实际产量;

产品单位成本有本月实际、本年实际和上年实际单位成本;

产品总成本有本月实际总成本、本年实际总成本、按照本年实际产量和上年实际单位成本计算的总成本、按照本年实际产量和本年计划单位成本计算的总成本。

$$可比产品成本实际降低额 = \sum (Q_n q_{上} - Q_n q_n)$$

$$可比产品成本实际降低率 = \sum (Q_n q_{上} - Q_n q_n) / \sum Q_n q_{上} \times 100\%$$

$$可比产品成本计划降低额 = \sum (Q_0 q_{上} - Q_0 q_0)$$

$$可比产品成本计划降低率 = \sum (Q_0 q_{上} - Q_0 q_0) / \sum Q_0 q_{上} \times 100\%$$

式中:Q_n 为本年实际产量;q_n 为本年实际平均单位成本;$q_{上}$ 为上年实际平均单位成本;Q_0 为本年计划产量;q_0 为本年计划单位成本。

需要说明的是,在按产品种类反映的产品成本表中,对于主要产品,应按产品品种反映实际产量和单位成本,以及本月总成本和本年累计总成本;对于非主要产品,则可按照产品类别,汇总反映本月总成本和本年累计总成本。此外,企业在编制本表的同时,为了满足重点管理的需要,可另行编制“主要产品生产成本及销售成本表”,其项目及填列方法与该表相比,增加了销售数量和销售成本栏,这里不再赘述。

按产品种类反映的产品生产成本表有以下几方面的作用:

(1)可以分析和考核各种产品和全部产品本月和本年累计的成本计划的执行结果,

对各种产品成本和全部产品成本的节约和超支情况进行一般的评价。

(2)可以分析和考核各种可比产品和全部可比产品本月和本年累计的成本比上年的升降情况。

(3)对于规定有可比产品成本降低计划的产品,可以分析和考核可比产品成本降低计划的执行情况,促使企业采取措施,不断降低产品成本。

(4)可以了解哪些产品成本节约较多,哪些产品成本超支较多,为进一步进行产品单位成本分析指明方向。

2.5.3.2　主要产品单位成本表的编制

主要产品单位成本表是反映工业企业在报告期内生产的各种主要产品单位成本构成情况的报表。该表应按主要产品分别编制,它是产品生产成本(按产品种类反映)表中某些主要产品成本的进一步反映。

主要产品单位成本表可以分为按成本项目反映的单位成本和主要技术经济指标两部分。其中单位成本部分还可以分别反映历史先进水平、上年实际平均、本年计划、本月实际和本年累计实际平均的单位成本;技术经济指标部分主要反映原料、主要材料、燃料和动力等的消耗数量。

现列示某企业 2010 年 12 月份主要产品单位成本表如表 2-3 所示。

表 2-3　主要产品单位成本表

××工厂　　2010 年 12 月　　单位:元

产品名称:甲产品　　销售单价:760

产品规格:××　　本月实际产量:400

计量单位:台　　本年累计实际产量:4 000

成本项目	历史先进水平	上年实际平均	本年计划	本月实际	本年累计实际平均
直接材料	320	328	326	320	322
直接人工	136	140	136.8	138	136
制造费用	82	84	81.2	82	82.8
产品单位成本	538	552	544	540	540.8
主要技术经济指标	用量	用量	用量	用量	用量
1. 甲材料	9	10	9	9.5	10
2. 乙材料	7.8	12	10	8.2	8

该表的填列方法如下:

(1)表头部分的产品销售单价应根据产品定价表填列;本月实际产量应根据产品成本明细账或产品成本汇总表填列;本年累计实际产量应根据上月本表的本年累计实际产量,加上本月实际产量计算填列。

(2)历史先进水平单位成本应根据历史上该种产品成本最低年度本表的实际平均单

位成本填列。

(3)上年实际平均单位成本应根据上年度本表实际平均单位成本填列。

表列产品如为不可比产品，则不填列上述历史先进水平和上年实际平均单位成本。

(4)本年计划单位成本应根据本年度成本计划填列。

(5)本月实际单位成本应根据该种产品成本明细账或产成品成本汇总表填列。

(6)本年累计实际平均单位成本应根据该种产品成本明细账所记年初起至报告期末止完工入库总成本除以本年累计实际产量计算填列。

表中上年实际平均、本年计划、本月实际和本年累计实际平均的生产成本(即单位成本合计数)，应与产品成本(按产品种类反映)表中该种产品相应的单位成本核对相符。

(7)主要技术经济指标部分，应根据企业或上级机构规定的指标名称和填列方法计算填列。

主要产品单位成本表有以下几方面的作用：

(1)可以按照成本项目考核主要产品单位成本计划的执行结果，分析各项单位成本节约或超支的原因。

(2)可以按照成本项目将本月实际单位成本和本年累计实际平均单位成本与上年实际平均单位成本和历史先进水平进行对比，了解其比上年的升降情况，与历史先进水平是否还有差距，可以分析单位成本变化、发展的趋势。

(3)可以分析和考核主要产品的主要技术经济指标的执行情况。

2.5.3.3　各种费用报表的编制

各种费用是指一定时期在生产经营过程中，各个车间、部门为进行产品生产和销售，以及组织和管理生产经营活动和筹集生产经营资金等所发生的制造费用、销售费用、管理费用和财务费用。前者属于产品成本的组成部分，后三项属于期间费用。企业也应定期编制制造费用明细表、销售费用明细表、管理费用明细表和财务费用明细表。通过上述费用报表，可以反映企业各种费用计划(预算)的执行情况，了解企业在一定期间内各种费用支出总额及其构成情况，据以分析各种费用支出的合理性及其变动趋势，并为正确编制下期费用计划(预算)、控制费用支出、明确各有关部门和人员的经济责任提供依据。

1. 制造费用明细表的编制

制造费用明细表是反映工业企业生产单位在报告期内为组织和管理生产所发生的各项费用及其构成情况的报表。由于辅助生产车间的制造费用已于期末通过辅助生产费用的分配转入基本生产车间制造费用以及管理费用等有关的成本、费用项目，所以该表的制造费用只反映基本生产车间的制造费用，不包括辅助生产车间的制造费用，以免重复反映。企业为了反映各生产单位各期制造费用任务的完成情况，制造费用明细表可以分车间按月进行编制。

制造费用明细表一般按照制造费用的费用项目分别反映各该费用的本年计划数、上年同期实际数、本月实际数和本年累计实际数。

现列示某工业企业 2010 年 12 月份的制造费用明细表如表 2-4 所示。

表 2-4　制造费用明细表

××企业　　2010 年 12 月　　单位:元

项目	本年计划数	上年同期实际数	本月实际数	本年累计实际
职工薪酬	114 000	109 440	9 450	112 860
折旧费	152 000	160 000	13 000	151 400
办公费	6 000	7 600	660	6 500
水电费	30 000	36 000	2 700	29 400
机物料消耗	8 000	7 600	600	8 020
租赁费	1 600	1 000	120	1 700
差旅费	44 000	50 000	4 200	45 000
劳动保护费	4 000	4 200	350	3 900
保险费	1 600	1 600	120	1 300
设计制图费	1 400	1 200	650	1 260
试验检验费	800	500	0	750
在产品盘亏和毁损	0	200	60	350
其他	500	460	35	360
制造费用合计	363 900	379 800	31 945	362 800

制造费用明细表的填列方法如下:

(1)本年计划数应根据本年度制造费用计划填列。

(2)上年同期实际数应根据上年同期本表的本月实际数或本年累计实际数填列。

(3)本月实际数应根据"制造费用"总账科目所属各基本生产车间制造费用明细账的本月合计数汇总计算填列。

(4)本年累计实际数应根据这些制造费用明细账中月末的累计数汇总计算填列。

2. 销售费用明细表的编制

销售费用明细表是反映工业企业销售部门在报告期内为销售产品所发生的各项费用及其构成情况的报表。

销售费用明细表一般按照销售费用的费用项目分别反映各该费用的本年计划数、上年同期实际数、本月实际数和本年累计实际数。

现列示某企业 2010 年 12 月份的销售费用明细表如表 2-5 所示。

表 2-5　**销售费用明细表**

××企业　　2010 年 12 月　　单位:元

项目	本年计划数	上年同期实际数	本月实际数	本年累计实际数
职工薪酬	(略)	(略)	(略)	6 402
业务费				2 060
运输费				7 740
装卸费				4 180
包装费				7 340
保险费				1 792
展览费				1 000
广告费				15 000
差旅费				8 240
租赁费				2 000
机物料消耗				1 640
折旧费				1 792
其他				480
销售费用合计				59 666

销售费用明细表的填列方法如下:

(1)本年计划数应根据本年度销售费用计划填列。

(2)上年同期实际数应根据上年同期本表的本月实际数或本年累计实际数填列。

(3)本月实际数应根据销售费用明细账的本月合计数填列。

(4)本年累计实际数应根据销售费用明细账本月末的累计数填列。

3. 管理费用明细表的编制

管理费用明细表是反映工业企业管理部门在报告期内为组织和管理企业生产所发生的各项费用及其构成情况的报表。

管理费用明细表一般按照管理费用的费用项目分别反映各该费用的本年计划数、上年同期实际数、本月实际数和本年累计实际数。

现列示某工业企业 2010 年 12 月份的管理费用明细表如表 2-6 所示。

表 2-6　管理费用明细表

××企业　　2010 年 12 月　　单位:元

项目	本年计划数	上年同期实际数	本月实际数	本年累计实际数
职工薪酬	(略)	(略)	(略)	22 458
折旧费				6 500
修理费				6 520
办公费				5 640
差旅费				9 636
运输费				3 960
保险费				3 640
租赁费				3 500
咨询费				1 500
诉讼费				0
排污费				3 560
绿化费				1 780
机物料消耗				2 796
无形资产摊销				1 560
长期费用摊销				780
研究开发费				1 480
技术转让费				0
业务招待费				7 720
工会经费				3 960
职工教育经费				2 400
劳动保护费				7 440
待业保险费				0
税金				13 960
存货盘亏和毁损(减盘盈)				1 160
其他				0
管理费用合计				111 950

管理费用明细表的填列方法如下：

(1)本年计划数应根据本年度管理费用计划填列。

(2)上年同期实际数应根据上年同期本表的本月实际数或本年累计实际数填列。

(3)本月实际数应根据管理费用明细账的本月合计数填列。

(4)本年累计实际数应根据管理费用明细表的本月末的累计数填列。

4. 财务费用明细表的编制

财务费用明细表是反映工业企业在报告期内为筹集生产经营资金所发生的各项费用及其构成情况的报表。

财务费用明细表一般按照财务费用的费用项目分别反映各该费用的本年计划数、上年同期实际数、本月实际数和本年累计实际数。

现列示某工业企业 2010 年 12 月份的财务费用明细表如表 2-7 所示。

表 2-7　财务费用明细表

××企业　　2010 年 12 月　　单位:元

项目	本年计划数	上年同期实际数	本月实际数	本年累计实际数
利息支出(减利息收入)	(略)	(略)	(略)	8 300
汇兑损失(减汇兑损益)				4 560
调剂外汇手续费				0
金融机构手续费				1 536
其他筹资费用				0
财务费用合计				14 396

财务费用明细表的填列方法如下:

(1)本年计划数应根据本年度财务费用计划填列。

(2)上年同期实际数应根据上年同期本表的本月实际数或本年累计实际数填列。

(3)本月实际数应根据财务费用明细账的本月末的合计数填列。

(4)本年累计实际数应根据财务费用明细账的本月末的累计数填列。

2.6　成本分析

2.6.1　成本分析的意义

煤炭企业成本分析是成本核算工作的继续和延伸,它贯穿于煤炭企业成本管理工作的全过程。包括事前分析、事中分析和事后分析。成本报告分析属于事后分析。它是为了满足煤炭企业各管理层了解企业成本状况及进行经营决策的需要,以成本报告所提供的、反映企业一定时期成本水平及其构成情况的资料和有关的计划、核算资料等为依据,运用科学的分析方法,揭示企业各项成本指标计划完成情况和成本变动原因、经营管理缺陷及业绩的一种管理活动。成本报告分析的主要目的在于评价企业成本计划的完成情况,并通过研究各项成本指标的数量变动和指标之间的相互关系,揭示影响成本指标变动的因素和原因,从而对企业一定时期的成本管理工作情况获得比较全面、本质的认识,为改进生产经营管理,节约生产耗费,不断降低成本,提高经济效益提供依据。

通过成本报告分析,可以正确认识和掌握企业成本变动的规律性,不断挖掘企业内部潜力，降低产品成本，提高企业的经济效益；通过成本报告分析，可以对企业成本计划的执行情况进行有效地控制，对执行结果进行评价，肯定成绩，指出存在的问题，以便采取措施，为提高成本管理工作水平服务，为编制下期成本计划和作出新的经营决策提供依据，给未来的成本管理工作指出努力的方向。

2.6.2 成本分析的方法

成本分析过程中，可采用的技术方法很多，究竟采用什么方法，应根据企业分析的要求和掌握资料的情况而定。常用的成本分析方法主要有对比分析法、比率分析法、连环替代法、差额分析法和趋势分析法等。

2.6.2.1 对比分析法

对比分析法也称比较分析法，它是通过实际数与基数的对比来揭示实际数与基数之间的差异，借以了解经济活动的成绩和问题的一种分析方法。对比分析法的主要作用在于通过对比，揭露矛盾，发现问题，找出差距，分析原因，并为进一步降低成本指明方向。在实际工作中，工业企业各种成本报告的分析一般都采用这种方法，因此它是成本报告分析的最基本方法。

对比分析法所比较的基数由于分析的目的不同而有所不同，一般有计划数、定额数、前期实际数、以往年度同期实际数、以及企业的历史先进水平和国内外同行业的先进水平等。在实际工作中，常用的有以下几种形式：

实际数与计划数或定额数对比，可以揭示计划或定额的执行情况。

将本期实际数与前期实际数或以往年度同期实际数对比，可以考察企业经济业务的发展变化情况，分析企业生产经营工作的改进情况。

将本期实际数与本企业的历史先进水平或国内外同行业的先进水平对比，可以在更大范围内发现与先进水平之间的差距，从而学习先进，赶上和超过先进。

需要指出的是，采用对比分析法时，应注意相比指标的可比性。进行对比的各项指标，必须是同质指标的数量对比，例如实际产品成本与计划产品成本对比，实际原材料费用与定额原材料费用对比，本期实际制造费用与前期实际制造费用对比，等等。同时，在经济内容、计算方法、计算期和影响指标形成的客观条件等方面，也应有可比的共同基础。如果相比指标之间有不可比因素，应先按可比的口径进行调整，然后再进行对比。

根据分析的需要，对比分析法可以是绝对数对比、增减数对比、指数对比等。例如上年产品单位成本为50元，本年单位成本为45元；本年成本比上年降低5元，本年成本比上年降低10%。

2.6.2.2 比率分析法

比率分析法是通过计算各项指标之间的比率，借以考察企业经济业务的相对效益的一种分析方法。

比率分析法主要有相关指标比率分析法和构成比率分析法两种。

(1)相关指标比率分析法。它是通过计算两个性质不同而又相关的指标的比率，来进行数量分析的一种方法。在实际工作中，由于企业规模不同等原因，单纯地对比产值、销售收入或利润等绝对数多少，不能说明各个企业经济效益的好坏，如果计算成本与产值、销售收入或利润相比的相对数，即产值成本率、销售收入成本率或成本利润率，就可以反映各企业经济效益的好坏。

产值成本率、销售收入成本率和成本利润率的计算公式如下：

$$产值成本率=\frac{成本}{产值}\times 100\%$$

$$销售收入成本率=\frac{成本}{销售收入}\times 100\%$$

$$成本利润率=\frac{利润}{成本}\times 100\%$$

从上述计算公式可以看出，产值成本率和销售收入成本率高的企业经济效益差，反之，则企业经济效益好。成本利润率则相反，成本利润率高的企业经济效益好，反之，则企业经济效益差。

(2)构成比率分析法。它是通过计算某项指标的各个组成部分占总体的比重，即部分与全部的比率，来进行数量分析的一种方法。例如将构成产品成本的各项费用分别与产品成本总额相比，计算产品成本的构成比率；又如将构成管理费用的各项费用分别与管理费用总额相比，计算管理费用的构成比率。这种比率分析法也称比重分析法。通过这种分析，可以反映产品成本或者经营管理费用的构成是否合理。

产品成本构成比率的计算公式如下：

$$直接材料费用比率=\frac{直接材料费用}{产品成本}\times 100\%$$

$$直接人工费用比率=\frac{直接人工费用}{产品成本}\times 100\%$$

$$制造费用比率=\frac{制造费用}{产品成本}\times 100\%$$

需要指出的是，不论采用什么比率分析法，在进行分析时，还应将比率的实际数与其基数进行对比，揭示其与基数之间的差异。例如进行相关指标比率的成本利润率分析时，还应将实际的成本利润率与计划的或前期的成本利润率进行对比，揭示其与计划、前期实际之间的差异。进行构成比率分析时也是这样，在此不再赘述。

(3)比率分析法的局限性。比率分析法的不足：①比率分析法利用的都是历史资料，不能作为判断未来经济状况的可靠依据；②当企业一些会计事项采用不同的会计处理方法时，企业之间比率的可比性就会受到影响；③比率分析法仅能发现指标的实际数和标准数的差异，无法查明指标变动的具体原因及其对指标的影响程度。这一局限性只有因素分析法才能解决。

2.6.2.3　连环替代法

连环替代法是将某一综合指标分解为若干个相互联系的因素，然后顺序用各项因素的实际数替换基数，来计算分析各项因素影响程度的一种分析方法。

采用前述比较分析法和比率分析法，可以揭示实际数与基数之间的差异，但不能揭示产生差异的因素和各因素的影响程度。采用连环替代法可以解决这一问题，从而找出主要矛盾，明确进一步调查研究的主要方向。

连环替代法的计算程序是：

第一步：根据指标的计算公式确定影响指标变动的各项因素；

第二步：排列各项因素的顺序；

数量因素在前，质量因素在后；

实物量因素在前，价值量因素在后；

分子因素在前，分母因素在后。

第三步：按排定的因素顺序和各项因素的基数进行计算。

第四步：顺序将前面一项因素的基数替换为实际数，将每次替换以后的计算结果与前一次替换以后的计算结果进行对比，顺序计算出各项因素的影响程度，有几项因素就替换几次。

第五步：将各项因素的影响（有的是正方向影响，有的是反方向影响）程度的代数和，与指标变动的差异总额核对相符。

假定某综合经济指标 P 受 A、B、C 三因素影响，关系式为 $P = A \times B \times C$。基期指标 P_0 由 A_0、B_0、C_0 组成，报告期指标 P_n 由 A_n、B_n、C_n 组成，即

基期指标：$P_0 = A_0 \times B_0 \times C_0$

报告期指标：$P_n = A_n \times B_n \times C_n$

差异额：$G = P_n - P_0$

报告期指标与基期指标的差异数 G 即为分析对象，此差异是 A、B、C 三因素共同影响的结果，运用连环替代法就可以分析三因素变动对差异额 G 的影响程度。

其分析计算程序如下：

基期指标：$A_0 \times B_0 \times C_0 = P_0$

第一次替代：$A_n \times B_0 \times C_0 = P_1 P_1 - P_0$ 即为 A 因素变动的影响；

第二次替代：$A_n \times B_n \times C_0 = P_2 P_2 - P_1$ 即为 B 因素变动的影响；

第三次替代：$A_n \times B_n \times C_n = P_n P_n - P_2$ 即为 C 因素变动的影响。

将 A、B、C 三因素变动的影响相加：

$$(P_1 - P_0) + (P_2 - P_1) + (P_n - P_2) = P_n - P_0 = G$$

分析结果应与分析对象相符合。

例如，某企业本年度 A 产品计划和实际直接材料费用如表 2-8 所示。

表 2-8　A 产品直接材料费用

项目	产品产量（件）	单位产品消耗量（千克）	材料单价（元）	材料费用（元）
计划	500	10	20	100 000
实际	550	9	22	108 900
差异	+50	-1	+2	+8 900

采用连环替代法计算由于产品产量、单位产品材料消耗量和材料单价三个因素变动，对 A 产品直接材料费用超支 8 900 元的影响程度。

计划数：$500\times10\times20=100\ 000$（元）

第一次替代：$550\times10\times20=110\ 000$（元）

$110\ 000-100\ 000=10\ 000$ 元（由于产量增加的影响）

第二次替代：$550\times9\times20=99\ 000$（元）

$99\ 000-110\ 000=-11\ 000$ 元（由于单耗节约的影响）

第三次替代：$550\times9\times22=108\ 900$（元）

$108\ 900-99\ 000=9\ 900$ 元（由于材料单价提高的影响）

合计　　+8 900 元

从以上分析可以看出，A 产品直接材料费用超支 8 900 元，是三个因素共同影响的结果。由于产品产量增加使直接材料费用增加了 10 000 元，由于单位产品材料消耗量节约，使直接材料费用节约了 11 000 元。由于材料单价提高，使直接材料费用增加了 9 900 元，三个因素共同影响的结果，使本期 A 产品直接材料费用实际比计划超支了 8 900 元。这就确定了各个因素变动对成本升降的影响程度，并可以确定各个因素所占差异的比重，为制定降低成本方案提供可靠的依据。上述连环替代法是在比较分析法的基础上发展的，是比较分析法的补充。

从以上举例可以看出，在计算某项因素变动的影响程度时，是以假定其他因素不变为前提条件的，同时还假定前面的因素已经变动，后面的因素尚未变动。因此，采用连环替代法，必须按照事物的发展规律和各因素的相互依存关系合理排列各因素的顺序。替代顺序一经确定，不应随意变更，因为同一因素因替代的顺序不同，其对综合指标的影响程度将不相同，但所有构成因素综合影响程度不变。

替代顺序确定的一般原则是：①先数量、后质量。如果既有数量因素又有质量因素，先计算数量因素变动的影响，后计算质量因素变动的影响。②先实物数量、后价值数量。如果既有实物数量因素又有价值数量因素，先计算实物数量因素变动的影响，后计算价值数量因素变动的影响。③先主要、后次要。如果有几个数量因素或质量因素，还应区分主要因素和次要因素，先计算主要因素变动的影响，后计算次要因素变动的影响。④先分子、后分母。如果影响某项综合指标的因素之间存在的不是相乘关系，而是相除关系，先计算分子变动的影响，后计算分母变动的影响。

2.6.2.4　差额分析法

差额分析法是根据各项因素的实际数与基数的差额，来计算分析各项因素影响程度的一种方法。它是连环替代法的一种简化形式。

上述连环替代法的计算原理，可按下列公式表示：

第 1 项因素的影响程度 =（第 1 项因素实际数 × 第 2 项因素基数 × 第 3 项因素基数）−（第 1 项因素基数 × 第 2 项因素基数 × 第 3 项因素基数）

=（第 1 项因素实际数 − 第 1 项因素基数）× 第 2 项因素基数 × 第 3 项因素基数

第 2 项因素的影响程度 =（第 1 项因素实际数 × 第 2 项因素实际数 × 第 3 项因素基数）−（第 1 项因素实际数 × 第 2 项因素基数 × 第 3 项因素基数）

= 第 1 项因素实际数 ×（第 2 项因素实际数 − 第 2 项因素基数）× 第 3 项因素基数

第 3 项因素的影响程度 =(第 1 项因素实际数 × 第 2 项因素实际数 × 第 3 项因素实际数) − (第 1 项因素实际数 × 第 2 项因素实际数 × 第 3 项因素基数)

= 第 1 项因素实际数 × 第 2 项因素实际数 ×(第 3 项因素实际数 − 第 3 项因素基数)

仍然以上述指标为例:

基期指标:$A_0 \times B_0 \times C_0 = P_0$

$(A_n - A_0) \times B_0 \times C_0 = P_1 - P_0$ 即为 A 因素变动的影响;

$A_n \times (B_n - B_0) \times C_0 = P_2 - P_1$ 即为 B 因素变动的影响;

$A_n \times B_n \times (C_n - C_0) = P_n - P_2$ 即为 C 因素变动的影响。

将 A、B、C 三因素变动的影响相加:

$$(P_1 - P_0) + (P_2 - P_1) + (P_n - P_2) = P_n - P_0 = G$$

分析结果应与分析对象相符合。

在上列各项计算公式中,每个公式的第二个等号之后的计算公式都是差额分析法的计算公式。这种分析法与连环替代法的因素排列顺序如果相同,则计算结果完全相同。

现按前例 A 产品直接材料费用的资料,采用差额分析法计算如下:

产品产量变动的影响 =(550 − 500) × 10 × 20 = +10 000(元)

单位产品材料消耗量变动的影响 = 550 ×(9 − 10) × 20 = −11 000(元)

材料单价变动的影响 = 550 × 9 ×(22 − 20) = +9 900(元)

上述计算结果与连环替代法的计算结果完全相同。

在实际工作中,某项综合指标只有两项因素的情况下,由于能够简便、合理地排列因素的顺序,因而普遍地采用差额分析法。例如影响单位产品材料费用大小的因素只有材料消耗数量和材料单价两项,按照因素顺序排列的一般原则,可以很容易地确定材料消耗数量因素排列在前,材料单价因素排列在后,因而在单位产品材料费用的分析工作中,普遍采用这种分析方法计算材料消耗数量变动(量差)和材料价格变动(价差)对材料费用变动的影响程度,计算既准确又简便。

2.6.2.5 趋势分析法

趋势分析法是通过连续若干期相同指标对比,来揭示各期之间的增减变化,据以预测经济发展趋势的一种分析方法。

趋势分析法可以采用列表或绘制统计图的形式来进行分析。

例如,某企业生产的 A 产品 2006—2010 年各年的单位成本如表 2-9 所示。

表 2-9 A 产品单位成本表

年度	2006	2007	2008	2009	2010
单位成本(元)	1 000	990	960	900	850

也可绘制统计图如图 2-2 所示。

从上述 A 产品单位成本表或 A 产品单位成本图可以看出,A 产品的单位成本的总趋势是逐年降低的。

采用趋势分析法,在连续若干期之间,可以按绝对数进行对比,也可以按相对数(即比率)进行对比;可以采用定基百分比法,也可以采用环比百分比法。

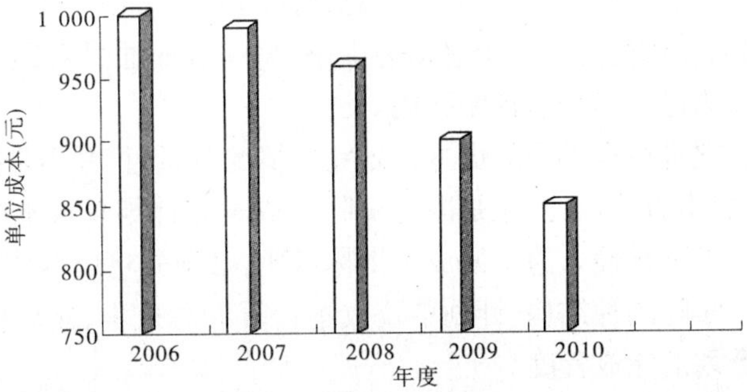

图 2-2　A 产品单位成本图

定基百分比法是以某个时期作为基期，其他各期均与该期的基数进行对比，计算各期与基期的比率。仍以上例资料为例，采用定基百分比法，其计算结果如表 2-10 所示。

表 2-10　定基百分比计算结果

年度	2006	2007	2008	2009	2010
单位成本变动	100%	99%	96%	90%	85%

通过上述计算，可以看出 A 产品 2006—2010 年各年单位成本与 2006 年单位成本相比都呈下降趋势，但各年下降的程度不同，2007 年的单位成本比 2006 年降低了 1%，2008 年比 2006 年降低了 4%，2009 年比 2006 年降低了 10%，2010 年比 2006 年降低了 15%。2009 年和 2010 年的降低幅度分别达到了两位数，应进一步分析其原因。

为了分别确定各年比上年降低的幅度，则需要采用环比百分比法。环比百分比法是在各期之间进行环比，即分别以上一时期为基数，下一时期与上一时期的基数进行对比，计算各期的比率。

仍以上例资料为例，采用环比百分比法，其计算结果如表 2-11 所示。

表 2-11　环比百分比计算结果

年度	2006	2007	2008	2009	2010
单位成本变动	100%	99%	96.97%	93.75%	94.44%

通过上述计算可以看出，A 产品的单位成本基本上都是逐步递减的，但各年递减的程度不同，其中：2007 年的单位成本比 2006 年降低了 1%，2008 年比 2007 年降低了2.03%，2009 年比 2008 年降低了 3.22%，2010 年比 2009 年上升了 0.69%。2009 年降低的幅度最大，应进一步分析其原因。

2.6.3　成本分析的内容

2.6.3.1　产品生产成本分析

利用产品生产成本表可以进行以下几方面的分析：①分析全部产品成本计划完成情况；②分析可比产品成本降低任务完成情况。

1. 全部产品成本计划完成情况的分析

企业全部产品包括可比产品与不可比产品，因此对全部产品成本的分析，就不能用实际总成本与上年总成本进行比较，而只能用实际总成本与计划总成本进行比较。

全部产品成本计划完成情况分析是一种总括性的分析，通过分析，一方面对企业本期全部产品成本计划的完成情况有一个总括的了解；另一方面通过对影响成本计划完成情况因素的初步分析，为进一步分析指明方向。

需要说明的是，在进行全部产品成本计划完成情况分析时，并不是把实际总成本与成本计划中的计划总成本直接对比，这是因为实际总成本和计划总成本中的产量和产品品种结构不同，二者不具可比性。为了使成本指标可比，必须先将成本计划中的计划总成本换算为按实际产量、实际品种结构、计划单位成本计算的总成本，然后再与实际总成本进行对比，确定成本计划的完成程度。

例如，现根据表 2-2 产品生产成本表的有关资料，编制全部产品成本完成情况分析表，如表 2-12 所示。

表 2-12　全部产品成本计划完成情况分析表

2010 年 12 月　　单位：元

产品名称	产量(台)		单位成本			本年累计总成本			实际比计划		本年实际比上年实际	
	实际	计划	上年实际平均	本年计划	本年实际	按上年实际平均单位成本计算	按本年计划单位成本计算	本年实际	降低额	降低率(%)	降低额	降低率(%)
	①		②	③	④	⑤=①×②	⑥=①×③	⑦=①×④	⑧=⑥-⑦	⑨=⑧÷⑥	⑩=⑤-⑦	⑪=⑩÷⑤
可比产品合计	×	×	×	×	×	163 980	148 440	134 940	13 500	9.09	29 040	17.71
其中：												
1. 甲产品	630	620	122	112	98	76 860	70 560	61 740	8 820	12.50	15 120	19.67
2. 乙产品	600	600	102	92	86	61 200	55 200	51 600	3 600	6.52	9 600	15.69
3. 丙产品	360	440	72	63	60	25 920	22 680	21 600	1 080	4.76	4 320	16.67
不可比产品合计	×	×	×	×	×	×	12 216	11 196	1 020	8.35	×	×
其中：												
1. 子产品	54	50	×	174	154	×	9 396	8 316	1 080	11.49	×	×
2. 丑产品	60	60	×	47	48	×	2 820	2 880	-60	-2.13	×	×
全部产品成本	×	×	×	×	×	×	160 656	146 136	14 520	9.04	×	×

从表中可以看出，全部产品的实际成本比计划成本降低了 14 520 元，其降低率为 9.04%，据此可以初步判断，企业在全部产品成本计划的执行方面取得了一定成绩。但进一步分析可以发现，在整个降低额中，可比产品成本降低额为 13 500 元，占总降低额的近 93%，其中，甲产品的降低额为 8 820 元，占可比产品成本降低额的 65.33%，占总降低额的 60.74%，而不可比产品中的丑产品没有完成成本降低计划。同时，可比产品成本较上年有大幅度的下降，每种产品的降低率都达两位数，这些都是进一步分析的重点。

2. 可比产品成本分析

可比产品是指企业过去曾经正式生产过，有完整的成本资料可以进行比较的产品；不可比产品是指企业本年度初次生产的新产品，或虽非初次生产，但以前仅属于试制而未正式投产的产品，缺乏可比的成本资料。在成本计划中，对不可比产品只规定本年的计划成本，而对可比产品不仅规定有计划成本，而且规定有成本降低计划指标，即本年底可比产品计划成本比上年度（或以前年度）实际成本的降低额和降低率。分析本年度实际成本降低情况时，需要计算实际的成本降低额和降低率，并与计划数对比分析。

可比产品成本分析的主要目的，在于揭示可比产品成本降低任务的完成情况，查明影响可比产品成本升降的各种因素及其影响程度。所以，可比产品成本分析的内容主要包括可比产品成本降低任务完成情况分析、影响可比产品成本降低任务完成情况的因素分析。

（1）可比产品成本降低任务完成情况分析。可比产品成本降低任务就是产品成本计划中规定的本年可比产品计划总成本与按实际产量和上年实际平均单位成本计算的上年实际总成本相比较，确定计划成本降低额和降低率。对可比产品成本降低任务完成情况分析，就是将可比产品实际成本与按实际产量和上年实际单位成本计算的上年实际总成本相比较，确定可比产品成本实际降低额和降低率，并同计划规定的计划降低额和降低率相比，评价企业可比产品成本降低任务完成情况，确定各项目因素的影响程度，为进一步挖掘潜力、降低成本指明方向。可比产品成本计划降低额和降低率，实际降低额和降低率的计算公式如下：

$$\text{可比产品成本计划降低额} = \sum[\text{计划产量} \times (\text{上年实际平均单位成本} - \text{本年计划单位成本})]$$

$$\text{可比产品成本计划降低率} = \frac{\text{可比产品成本计划降低额}}{\sum(\text{计划产量} \times \text{上年实际平均单位成本})} \times 100\%$$

$$\text{可比产品成本实际降低额} = \sum[\text{实际产量} \times (\text{上年实际平均单位成本} - \text{本年实际单位成本})]$$

$$\text{可比产品成本实际降低率} = \frac{\text{可比产品成本实际降低额}}{\sum(\text{实际产量} \times \text{上年实际平均单位成本})} \times 100\%$$

例如，现以表 2-12 中的资料，根据上述计算公式分析可比产品成本降低任务完成情况如下：

$$\text{可比产品成本计划降低额} = 620 \times (122 - 112) + 600 \times (102 - 92) + 440 \times (72 - 63) = 16\ 160(\text{元})$$

$$\text{可比产品成本计划降低率} = \frac{16\ 160}{620 \times 122 + 600 \times 102 + 440 \times 72} \times 100\% = 9.59\%$$

$$\text{可比产品成本实际降低额} = 630 \times (122 - 98) + 600 \times (102 - 86) + 360 \times (72 - 60)$$

$$=29\ 040(\text{元})$$

$$\text{可比产品成本实际降低率}=\frac{29\ 040}{630\times 122+600\times 102+360\times 72}\times 100\%=17.71\%$$

编制可比产品成本降低任务完成情况分析如表 2-13 所示。

表 2-13　可比产品成本降低任务完成情况分析

项目	计划	实际	差异
降低额(元)	16 160	29 040	12 880
降低率(%)	9.59	17.71	8.12

由此可见,企业可比产品成本实际降低额和降低率无论从绝对数还是相对数都超额完成了降低任务。实际降低额比计划降低额多降低了 12 880 元,实际降低率比计划降低率多降低了 8.12%。对企业可比产品成本降低任务超额完成的情况,应进一步查明原因。

(2)影响可比产品成本降低任务完成情况的因素分析。企业可比产品成本的计划降低额是根据各种产品的计划产量计算确定的,实际降低额是根据实际产量计算确定的,在产品品种结构和产品单位成本不变的情况下,产量增减会使成本降低额发生同比例的增减,但由于按上年实际平均单位成本计算的累计总成本也发生了同比例的增减,因而不会使成本降低率发生变动(成本降低率计算公式的分子和分母发生同比例变动,其商不变)。产品单位成本的变动,则会影响成本降低额和降低率同时发生变动。产品单位成本降低使成本降低额和降低率增加;反之,则减少。此外,由于各种产品成本降低程度不同,因而产品品种结构的变动也会影响成本降低额和降低率同时发生变动。成本降低幅度大的产品比重增加,会使成本降低额和降低率增加;反之,则减少。因此,在企业生产多种可比产品的条件下,影响可比产品成本降低率变动的因素有两个,即产品品种结构变动和产品单位成本变动;影响可比产品成本降低额变动的因素有三个,即产品产量变动、产品品种结构变动和产品单位成本变动。

例如,现仍以前述资料为例,分析各因素变动对产品成本降低任务完成情况的影响程度如下:

①产品产量变动的影响:

在其他因素不变的条件下,单纯产品产量变动,只影响成本降低额,而不影响成本降低率。其计算公式为:

$$\begin{array}{c}\text{产量变动对}\\\text{降低额的影响}\end{array}=\Sigma\left[\left(\begin{array}{c}\text{本年实}\\\text{际产量}\end{array}-\begin{array}{c}\text{本年计}\\\text{划产量}\end{array}\right)\times\begin{array}{c}\text{上年实际平}\\\text{均单位成本}\end{array}\right]\times\text{计划降低率}$$

$$=\begin{array}{c}\text{按照实际产量}\\\text{计算的计划降低额}\end{array}-\begin{array}{c}\text{按照计划产量}\\\text{计算的计划降低额}\end{array}$$

根据上例资料,由于产品产量变动对成本降低额的影响程度计算如下:

$$\begin{array}{c}\text{产量变动对}\\\text{降低额的影响}\end{array}=[(630-620)\times 122+(360-440)\times 72]\times 9.59\%=-435.39(\text{元})$$

②产品品种结构变动的影响：

产品品种结构变动对成本降低额和降低率均有影响，其计算公式为：

产品品种结构变动对降低额的影响 = ∑[本年实际产量×(上年实际单位成本 - 计划单位成本)] - ∑(本年实际产量×上年单位成本)×计划降低率

$$产品品种结构变动对降低率的影响=\frac{产品品种结构变动对降低额的影响}{\sum(本年实际产量\times上年单位成本)}\times100\%$$

根据上例资料，由于产品品种结构变动对成本降低额和成本降低率的影响程度计算如下：

产品品种结构变动对降低额的影响 $=630\times(122-112)+600\times(102-92)+360\times(72-63)-(630\times122+600\times102+360\times72)\times9.59\%=-185.68$(元)

产品品种结构变动对降低率的影响 $=-185.68/(630\times122+600\times102+360\times72)\times100\%=-0.11\%$

③产品单位成本变动的影响：

产品单位成本变动对成本降低额和降低率均有影响，其计算公式为：

产品单位成本变动对成本降低额的影响 = ∑[实际产量×(计划单位成本 - 实际单位成本)]

$$产品单位成本变动对成本降低率的影响=\frac{产品单位成本变动对降低额的影响}{\sum(实际产量\times上年单位成本)}$$

根据上例资料，由于产品单位成本变动对成本降低额和降低率的影响程度计算如下：

产品单位成本变动对成本降低额的影响 $=630\times(112-98)+600\times(92-86)+360\times(63-60)$

$=13\ 500$(元)

产品单位成本变动对成本降低率的影响 $=13\ 500/(630\times122+600\times102+360\times72)\times100\%$

$=8.23\%$

从上述分析可以看出，该企业可比产品成本降低任务超额完成，主要原因是由于产品单位成本的降低。从可比产品成本降低额来看，由于产品产量变动使降低额减少了 435.39元，由于产品品种结构变动使降低额减少了 185.68 元，由于产品单位成本变动使降低额增加了 13 500 元，三个因素共同影响的结果，使企业可比产品成本降低额实际比计划降低了 12 880 元。从可比产品成本降低率来看，由于产品品种结构变动使降低率减少了 0.11%，由于产品单位成本变动使降低率增加了 8.23%，两个因素共同影响的结果，使企业可比产品成本降低率实际比计划降低了 8.12%。

2.6.3.2　主要产品单位成本的分析

在对企业全部产品及可比产品成本降低任务完成情况进行全面分析的基础上，还应对企业主要产品单位成本进行深入分析，以便寻求降低产品成本的具体途径和方法。

主要产品单位成本分析的目的，在于揭示各种主要产品单位成本和它所包括的各个成本项目的变动情况，查明单位成本升降的具体原因。

主要产品单位成本分析包括两方面的内容：一是单位成本完成情况的分析；二是技术

经济指标变动对单位成本的影响分析。

1. 主要产品单位成本计划完成情况的分析

主要产品单位成本计划完成情况分析的主要依据是企业编制的"主要产品单位成本表"、成本计划和各项消耗定额资料等。分析的一般程序是：首先，从总体上分析主要产品单位成本比计划、上年实际平均、历史最好水平的升降情况；然后，再按成本项目分别进行比较分析，考察每个项目的升降情况；最后，针对某些主要项目的升降情况，作进一步深入的分析，查明造成单位成本升降的原因。

例如，现以表2-3主要产品单位成本表中甲产品资料为例，编制甲产品单位成本分析如表2-14所示。

表2-14 甲产品单位成本分析

2010年度

成本项目	本年度实际平均比历史先进水平		本年度实际平均比上年实际平均		本年度实际平均比本年计划	
	降低额（元）	降低率（%）	降低额（元）	降低率（%）	降低额（元）	降低率（%）
直接材料	320 − 322 = −2	−0.625	328 − 322 = 6	1.83	326 − 322 = 4	1.23
直接人工	136 − 136 = 0	0	140 − 136 = 4	2.86	136.8 − 136 = 0.8	0.58
制造费用	82 − 82.8 = −0.8	−0.98	84 − 82.8 = 1.2	1.43	81.2 − 82.8 = −1.6	−1.97
合计	−2.8	−0.52	11.2	2.03	3.2	0.59

从表2-14可以看出，本年度甲产品实际平均单位成本比上年实际平均、本年计划总体上有所降低，也完成了本年计划，但各成本项目的降低幅度有所不同。其中，直接材料较计划降低幅度最大，直接人工较上年降低幅度最大，而制造费用单位成本却比计划上升了1.6元，上升了近两个百分点，需进一步查明造成各成本项目升降的原因，作更深入的分析。此外，从本年度甲产品实际平均单位成本与历史先进水平相比可以看出，除直接人工项目持平外，无论从总体或单个成本项目都有所上升，说明企业甲产品单位成本尚未达到历史最好水平，成本降低还存在一定的空间。

（1）直接材料项目的分析。产品单位成本中的材料费用，其计算公式如下：

$$单位产品材料费用 = 材料耗用量 \times 材料单价$$

从上述计算公式可以看出，影响产品单位成本中材料费用的因素有两个，即单位产品材料耗用量和材料单价。在对产品单位成本中材料费用项目进行分析时，主要分析这两个因素变动对单位产品材料费用的影响程度。

材料耗用量和材料单价变动对单位产品材料费用的影响程度可用下列公式计算求得：

$$材料耗用量变动的影响 = (计划单位耗用量 - 实际单位耗用量) \times 计划单价(与计划比)$$

或

$$\begin{matrix}材料耗用量\\变动的影响\end{matrix} = \left(\begin{matrix}上年实际单位\\耗用量\end{matrix} - \begin{matrix}本年实际单位\\耗用量\end{matrix}\right) \times 上年单价(与上年比)$$

$$材料单价变动的影响 = (计划单价 - 实际单价) \times 实际单位耗用量(与计划比)$$

或 材料单价变动的影响 =(上年单价 - 本年单价)× 本年实际单位耗用量(与上年比)

例如,假定甲产品单位产品材料消耗量及材料单价资料如表 2-15 所示。

表 2-15　甲产品材料单位耗用量及单价

材料名称	单位耗用量			单价(元)		
	上年实际	本年计划	本年实际	上年实际	本年计划	本年实际
A 材料	10	9	10	12.4	14	13
B 材料	12	10	8	17	20	24

根据表 2-15 资料编制甲产品直接材料成本变动分析表,如表 2-16 所示。

表 2-16　直接材料成本变动分析表

产品名称:甲产品　　2010 年 12 月　　单位:元

材料名称	单位耗用量			单价			单位成本			本年比上年			本年比计划		
	上年实际	本年计划	本年实际	上年实际	本年计划	本年实际	上年实际	本年计划	本年实际	降低额	量差	价差	降低额	量差	价差
	①	②	③	④	⑤	⑥	⑦=①×④	⑧=②×⑤	⑨=③×⑥	⑩=⑦-⑨	⑪=(①-③)×④	⑫=(④-⑥)×③	⑬=⑧-⑨	⑭=(②-③)×⑤	⑮=(⑤-⑥)×③
A 材料	10	9	10	12.4	14	13	124	126	130	-6	0	-6	-4	-14	10
B 材料	12	10	8	17	20	24	204	200	192	12	68	-56	8	40	-32
合计							328	326	322	6	68	-62	4	26	-22

根据表 2-16 的计算分析可以看出,甲产品直接材料单位成本本年与上年相比降低 6 元,其中,由于材料消耗量变动使材料成本降低了 68 元,由于材料价格变动使材料成本比上年超支了 62 元。本年与计划相比节约了 4 元,其中,由于材料消耗量变动使材料成本降低了 26 元,由于材料价格变动使材料成本超支了 22 元。对甲产品材料成本计划完成情况进一步分析可以看出,甲产品材料成本计划的完成,是由于 A 材料消耗量上升和价格下降,与 B 材料消耗量下降和价格上升共同作用的结果。企业利用降低材料消耗量的办法,使原材料涨价因素在企业内部进行消化,是本年度甲产品材料成本计划完成的重要原因,同时也说明企业控制材料消耗工作做得较好,但 B 材料单价实际比计划超支幅度达 20%,说明材料采购过程中存在问题,需进一步分析其原因。

(2)直接人工项目的分析。产品单位成本中的人工费用,其计算公式如下:

单位产品人工费用 = 单位产品工时消耗量 × 小时工资率

从上述计算公式可以看出,影响产品单位成本中工资费用的因素为单位产品工时消耗量和小时工资率。其中,单位产品的工时消耗量反映企业劳动生产率的高低。劳动生产率越高,工时消耗量越少,单位产品中包括的工资费用也越少;反之,则越多。因此,提高劳动生产率是降低单位产品中直接人工费用的重要途径。小时工资率等于单位产品直接生产工人工资总额除以工时消耗总额,它反映直接生产工人的平均工资水平。小时工资率越高,单位产品中包括的工资费用越多;反之,则越少。

单位产品工时消耗量和小时工资率变动对单位产品工资费用的影响程度可用下列公式计算求得:

工时消耗量变动的影响 =(计划单位产品工时消耗量 - 实际单位产品工时消耗量)× 计划小时工资率

小时工资率变动的影响 =(计划小时工资率 - 实际小时工资率)× 实际单位产品工时消耗量

例如,仍以甲产品为例,编制甲产品直接人工成本分析表如表 2-17 所示。

表 2-17　直接人工成本分析

产品名称:甲产品　　　　2010 年 12 月

项目	本年计划	本年实际	降低情况	工时消耗量变动的影响	小时工资率变动的影响
单位产品工时消耗量	30	40	-10	-45.60	0
小时工资率	4.56	3.40	1.16	0	46.40
单位产品直接人工成本(元)	136.80	136	0.80	-45.60	46.40

表 2-17 表明,单位产品直接人工成本实际比计划降低 0.80 元,是由于单位产品工时消耗量增加和小时工资率降低两个因素共同作用的结果。其中,由于工时消耗量增加使单位产品直接人工成本增加了 45.60 元,由于小时工资率降低使单位产品直接人工成本降低了 46.40 元,这也说明企业劳动生产率较低。企业应采取强有力的措施,提高劳动生产率,降低单位产品工时消耗量,从而降低单位产品中的直接人工成本。

(3)制造费用项目的分析。企业生产单位的制造费用属于间接费用,应以分配的方式于期末分配计入产品成本。制造费用的分配,一般以工时消耗量作为分配标准。因此,产品单位成本中的制造费用,其计算公式如下:

单位产品制造费用 = 单位产品工时消耗量 × 小时费用率

从上述计算公式可以看出,影响产品单位成本中制造费用的因素为单位工时消耗量和小时费用率。在企业制造费用总额一定的情况下,单位产品中制造费用就取决于劳动生产率的高低。劳动生产率越高,单位产品消耗的工时就越少,单位产品负担的制造费用也就越少;反之,劳动生产率越低,单位产品消耗的工时就越多,单位产品负担的制造费用也就越多。小时费用率等于生产单位制造费用总额除以工时消耗总额,小时费用率越高,单位产品负担的制造费用越多;反之,则越少。

单位产品工时消耗量和小时费用率变动对单位产品制造费用的影响程度可用下列公式计算求得:

工时消耗量变动的影响 =（计划单位产品工时消耗量 − 实际单位产品工时消耗量）× 计划小时费用率

小时费用率变动的影响 =（计划小时费用率 − 实际小时费用率）× 实际单位产品工时消耗量

例如，仍以甲产品为例，编制甲产品制造费用分析表如表 2-18 所示。

表 2-18　制造费用分析

产品名称：甲产品　　　　2010 年 12 月

项目	本年计划	本年实际	降低情况	工时消耗量变动的影响	小时工资率变动的影响
单位产品工时消耗量	30	40	−10	−27	0
小时费用率	2.706	2.07	0.636	0	25.44
单位产品制造费用(元)	81.2	82.8	−1.6	−27	25.44

表 2-18 表明，单位产品制造费用实际比计划上升 1.6 元，其原因主要是单位产品工时消耗量增加造成的，这体现出劳动生产率低下对企业产品单位成本的不利影响。

2. 技术经济指标变动对产品成本影响分析

企业产品成本除受上述各分析因素变动的影响外，技术经济指标变动对产品成本也会带来不同程度的影响。技术经济指标是指与企业的生产技术特点具有内在联系的经济指标。由于各类工业企业生产技术特点不同，因而用来考核企业经济活动的技术经济指标也不一样。企业的技术经济指标从不同的角度反映着企业生产经营活动的效果，其完成的好坏必然会直接或间接地影响企业产品成本水平。通过对影响产品成本变动的技术经济指标的分析，计算其变动对产品成本的影响，可以促使企业提高各项技术经济指标，以达到不断降低产品成本的目的。

企业技术经济指标包含的内容十分广泛，如材料利用率、劳动生产率、设备利用率、产量增长率、产品合格率等。技术经济指标变动对产品成本的影响主要表现在对产品单位成本的影响。不同的技术经济指标，对产品单位成本的影响也不一样。有些技术经济指标提高或下降，会直接影响到产品单位成本的升降。如材料利用率的提高，必然反映到产品单位成本中材料成本的下降；另一些技术经济指标的提高或降低，不是直接地影响到产品单位成本，而是反映到产品产量变动上，引起企业固定成本的相对节约或超支，从而间接地影响到产品单位成本的升降，如设备利用率等。还有一些技术经济指标的提高或降低，既直接影响到单位产品成本中变动成本的升降，又通过产品产量的变动，间接地影响到单位产品成本中固定成本的升降，如产品合格率等。工业企业一般从材料利用率、劳动生产率、产品产量和产品质量等四个方面进行分析。

(1) 材料利用率变动对单位成本影响的分析。

材料利用率是指产品生产过程中投入材料的量和实际利用材料的量之间的比例。在产品的单位成本中，材料费用所占的比重一般都较大。材料投入生产后，减少边角余料、切割损耗以及切削废残料的发生，提高材料利用率，会降低产品成本。

材料利用率变动对产品单位成本的影响可用下列公式计算：

材料利用率变动对单位成本的影响 =[实际材料利用率 - 计划(或上年)材料利用率]÷实际材料利用率 × 计划(或上年)单位成本中材料成本的比重

现举例说明如表 2-19 所示。

表 2-19 材料利用率变动对单位成本的影响分析

指标	本年计划	本年实际
1. 投入材料重量(千克)	210 000	210 000
2. 实际利用材料重量(千克)	189 000	193 200
3. 材料利用率(%)	90	92
4. 产品产量(台)	2 000	2 100
5. 材料单价(计划单价:元)	0.5	0.5
6. 材料成本(按计划单价计算)	105 000	105 000
7. 单位产品材料成本(按计划单价计算)	52.5	50

从表 2-19 可以看出,材料利用率实际比计划提高了 2%(92% - 90%),对产品单位成本中材料成本的影响可计算如下:

假定计划单位成本中材料成本占 80%,则

材料利用率变动对单位成本的影响 =(92% - 90%)÷92% ×80% =1.74%

上述计算结果表明,由于材料利用率提高了 2%,使单位成本中材料成本下降了 1.74%。

(2)劳动生产率变动对单位成本影响的分析。

劳动生产率变动并不直接影响产品成本,但却直接影响到产品产量,并通过产品产量间接地影响到产品单位成本。劳动生产率提高就意味着单位产品工时消耗的降低,从而使单位产品成本中负担的工资费用相应地减少,但劳动生产率的增长往往伴随着工资率的增长,从而使单位产品成本提高。因此,计算分析劳动生产率变动对成本的影响,要考察劳动生产率的增长速度是否快于工资率增长速度。

劳动生产率变动对产品单位成本的影响可用下列公式计算:

$$\text{劳动生产率提高百分比}=\frac{\text{单位产品计划(或上年)工时消耗}-\text{单位产品本年实际工时消耗}}{\text{单位产品本年实际工时消耗}}\times 100\%$$

$$\text{小时工资率提高百分比}=\frac{\text{本年实际平均小时工资率}-\text{计划(或上年)平均小时工资率}}{\text{计划(或上年)平均小时工资率}}\times 100\%$$

$$\text{劳动生产率变动对单位成本的影响}=\frac{\text{劳动生产率提高百分比}-\text{小时工资率提高百分比}}{1+\text{劳动生产率提高百分比}}\times \text{计划(或上年)直接人工成本占单位产品成本比重}$$

例如,某企业生产 A 产品,本期投产 100 台,有关资料如表 2-20 所示。

表 2-20　A 产品资料

指标	计划	实际
单位产品工时消耗(小时)	3 600	3 000
小时平均工资率(元)	15	16.5
单位产品工资成本(元)	5 400	4 950

$$劳动生产率提高百分比=\frac{3\ 600-3\ 000}{3\ 000}=20\%$$

$$小时工资率提高百分比=\frac{16.5-15}{15}=10\%$$

假定计划单位产品成本中直接人工成本占 15%，则劳动生产率变动对产品单位成本的影响计算如下：

$$劳动生产率变动对单位成本的影响=\frac{20\%-10\%}{1+20\%}\times 15\%=1.25\%$$

(3)产品产量变动对单位成本影响的分析。

在进行产品产量变动对单位成本的影响分析时，需将产品成本区分为变动成本和固定成本两部分。产品产量变动之所以影响产品单位成本，是由于产品成本中包含有一部分固定成本。单位产品中的变动成本是固定的，它与产品产量变动没有关系，而单位产品中的固定成本则是变动的，在一定条件下，即产量在相关范围内变动时，固定成本总额不变，因而单位产品中的固定成本将随产量的增加或减少而相应地降低或提高。因此，企业在生产能力许可且产品产销均衡的前提下，增加产品产量是降低产品单位成本的重要途径。

例如，某企业生产乙产品，根据有关资料编制产品产量变动对单位成本影响分析如表 2-21 所示。

表 2-21　产品产量变动对单位成本影响分析

2010 年 12 月

项目	本年计划			本年实际			降低额		
	产量(台)	总成本(元)	单位成本(元)	产量(台)	总成本(元)	单位成本(元)	产量(台)	总成本(元)	单位成本(元)
变动成本		200 000	200		220 000	200		-20 000	0
固定成本		50 000	50		50 000	45.45			4.55
合计	1 000	250 000	250	1 100	270 000	245.45	-100	-20 000	4.55

从表 2-21 可以看出，在其他条件不变的情况下，乙产品产量由 1 000 台增加到 1 100 台，增长 10%，单位成本则下降了 4.55 元。

产品产量变动对单位成本的影响可用下列公式计算：

$$\begin{array}{l}产品产量变动对\\单位成本的影响\end{array}=\left(1-\frac{1}{1+产量增长率}\right)\times计划固定成本占单位成本的比重$$

根据表 2-21，本期产品产量增长率为 10%，计划固定成本占单位成本的比重为 20%，则乙产品产量变动对单位成本的影响程度计算如下：

$$\text{产品产量变动对单位成本的影响} = \left(1 - \frac{1}{1 + 10\%}\right) \times 20\% = 1.8\%$$

上述计算结果表明，由于产品产量增加 10%，使产品单位成本下降了 1.8%。

(4) 产品质量变动对单位成本的影响分析。

在生产消耗水平保持不变的前提下，产品质量的提高，必然会影响到产品单位成本的降低。由于影响产品质量的因素很多，因此衡量产品质量的指标也很多，通常有合格品率、废品率、等级品率等。在实际工作中，产品质量变动对单位成本的影响计算比较复杂，通常都通过废品率来反映。

废品率是反映企业产品质量好坏最常用的指标，它是产品生产过程中废品数量占全部产品产量的比率，用公式来表示为：

$$\text{废品率} = \frac{\text{废品数量}}{\text{全部产品产量}} \times 100\%$$

在其他因素不变的条件下，企业合格品率越高，则废品率就越低，单位产品成本也就越低，因为废品所造成的损失需要全部由合格品来负担。产品质量（废品率）变动对单位成本的影响程度，可用下列公式计算：

$$\text{产品质量变动对单位成本的影响} = \frac{\text{废品率} \times (1 - \text{废品残值占废品成本的比率})}{1 - \text{废品率}}$$

例如，某企业生产 C 产品，根据有关资料编制产品质量变动对单位成本影响分析表如表 2-22 所示。

表 2-22　产品质量变动对单位成本影响分析

项目	上年实际	本年实际	降低
1. 产量（台）	1 100	1 100	
2. 废品率（%）	5%	4%	1%
3. 废品数量（台）	55	44	11
4. 单位成本	200	200	
5. 废品残值回收率	8.8%	8.8%	
6. 单位废品残值	17.6	17.6	
7. 废品损失	55 × (200 − 17.6) = 10 032	44 × (200 − 17.6) = 8 025.6	2 006.4
8. 合格品单位成本	$\frac{10\,032 + 200 \times 1\,045}{1\,045}$ = 209.6	$\frac{8\,025.6 + 200 \times 1\,056}{1\,056}$ = 207.6	2

产品质量（废品率）变动对产品单位成本的影响程度可计算如下：

$$上期=\frac{5\% \times (1-8.8\%)}{1-5\%}=4.8\%$$

$$本期=\frac{4\% \times (1-8.8\%)}{1-4\%}=3.8\%$$

上述计算结果表明，由于产品质量提高（废品率降低）1%（5% －4%），使产品单位成本降低了 1%（4.8% －3.8%），单位成本中废品损失减少了 2 元（200 ×4.8% －200 ×3.8%）。

2.6.3.3　各种费用明细分析

制造费用、销售费用、管理费用和财务费用，它们都是企业为组织和管理生产经营活动以及筹集生产经营所需资金而发生的，其经济用途各不相同，有的作为生产费用，计入产品成本，有的作为期间费用，直接计入当期损益。这些费用的节约或超支，与企业生产单位和管理部门工作质量的好坏有着密切的关系，也直接影响着企业的经营成果。因此，对各种费用支出情况进行分析，不仅可以促使企业节约各项费用支出，不断降低产品成本和增加利润，而且也可以推动企业加强和改进生产经营管理工作，提高企业工作效率。

对各种费用明细表进行分析所采用的方法，主要是对比分析法和构成比率分析法。在采用对比分析法进行分析时，可以将本年累计实际数与上年同期实际数进行对比，揭示本年实际与上年同期实际之间的增减变化，也可以将本年累计实际数与本年计划数进行对比，分析和考核费用计划的执行情况，确定实际脱离计划的差异，并进一步分析差异的原因。现以制造费用为例，说明各种费用明细表的分析方法。

例如，根据表 2-4 中的资料，编制制造费用分析表如表 2-23 所示。

表 2-23　制造费用分析表　（单位：元）

项目	本年计划	本年实际	差异
职工薪酬	114 000	112 860	－1 140
折旧费	152 000	151 400	－600
办公费	6 000	6 500	500
水电费	30 000	29 400	－600
机物料消耗	8 000	8 020	20
租赁费	1 600	1 700	100
差旅费	44 000	45 000	1 000
劳动保护费	4 000	3 900	－100
保险费	1 600	1 300	－300
设计制图费	1 400	1 260	－140
试验检验费	800	750	－50
在产品盘亏和毁损（减盘盈）	0	350	350
其他	500	360	－140
制造费用合计	363 900	362 800	－1 100

从表 2-23 可看出，本年度制造费用总额实际比计划降低了 1 100 元，说明制造费用计划完成较好。但职工薪酬、折旧费、水电费、差旅费、办公费等项目节约或超支数额较大，应对这些项目进行重点分析。

需要指出的是，由于制造费用包括的费用项目较多，各项制造费用的性质和用途不同，影响其变动的因素也不同。因而，在分析评价各项目费用超支或节约时，应联系费用的性质和用途进行具体分析，不能简单地将一切节约都看成是合理的、有利的，也不能简单地将一切超支都看成是不合理的、不利的。如修理费和劳动保护费的节约，可能是企业不按计划进行机器设备维修和保养，从而使机器带病运转，影响机器寿命、产品质量和劳动生产率降低，使职工缺少必要的劳动保护措施，影响安全生产。只有在保证机器设备的维修质量和正常运转、保证安全生产的前提下节约维修费和劳动保护费才是合理的、有利的。又如，机物料消耗的超支，也可能是由于企业追加了生产计划，增加了开工班次，相应增加了机物料消耗的结果。这样的超支也是合理的、有利的，不是成本管理的责任。

此外，在分析时，还应特别注意“在产品盘亏和毁损（减盘盈）”等非生产性损失项目，因为这些项目的发生，都是企业生产管理不善的具体表现。在产品盘亏和毁损数额越大，说明企业生产管理水平越差。同时分析时还应注意其中有无盘盈的抵销数，因为在产品盘盈的价值会掩盖、冲减一部分盘亏和毁损的损失，在产品盘盈不是车间的工作成绩，是企业生产管理不善或核算上失误造成的。

在采用构成比率法进行分析时，可以计算某项费用占制造费用总额的构成比率，也可以将制造费用分为与机器设备使用有关的费用、与机器设备使用无关的费用，以及非生产性损失等几类，分别计算其占制造费用总额的构成比率。分析时，首先将这些构成比率与企业或车间的生产、技术的特点等联系起来，分析其构成是否合理；其次将本月实际和本年累计实际的构成比率与本年计划的构成比率和上年同期实际的构成比率进行对比，揭示其差异和与上年同期的增减变化，分析其差异和增减变化是否合理。

第 3 章　煤炭企业成本预测与计划

3.1　成本预测概述

煤炭企业成本预测就是根据煤炭企业历史成本资料和有关经济信息，在认真研究企业内在和外在条件变化的基础上，运用一定的方法，对未来一定时期产品成本水平进行的预计和测算。它是经济预测的重要组成部分，是成本管理的关键环节，是企业对经济活动进行事前控制的重要内容。

3.1.1　成本预测的作用

3.1.1.1　成本预测是进行成本决策的基础

成本预测是根据已知判断未知，根据过去和现在推测未来的科学方法。成本预测通过系统地研究大量的信息资料，从而对客观情况做出科学判断，帮助企业管理者提高自觉性、减少盲目性，做出合理组织生产经营活动、提高经济效益的正确决策。

3.1.1.2　成本预测是编制成本计划的基础

成本计划是实现成本目标的要求和部署，成本预测是对企业未来成本水平的勾画和描绘，通过成本预测就可以测算出计划成本水平。在计划执行过程中，通过成本预测据以对成本计划做出修正和调整，从而提高成本计划的科学性。因此，成本预测是编制成本计划过程中必不可少的科学分析阶段，是成本计划的重要基础工作。

3.1.1.3　成本预测是降低产品成本、提高经济效益的重要途径

成本预测是在对构成成本各项因素分析的基础上对未来成本水平做出的估算，通过成本预测这一过程就可以找出影响产品成本的重要环节和主要因素，从而采取针对性措施降低产品成本；同时，还可以把影响成本降低的不利因素消灭在萌芽状态，促使企业趋利避害，发挥企业的优势和潜力，以最少的人力、物力和财力消耗，取得最大的经济效益。

3.1.2　成本预测的程序

科学、合理的成本预测程序，是保证成本预测正确性的必要条件。通常，成本预测的程序可以分为以下四个步骤：

(1)确定成本预测目标。成本预测的目标，就是根据企业未来时期的总目标所提出的成本目标，即目标成本，并根据企业过去的成本资料，确定对成本产生重大影响的各个因素及各因素的变化对将来的成本所影响的程序。

(2)初步成本预测。初步成本预测就是在广泛收集资料的基础上，预测在目前情况下成本可能达到的水平，以此与初步成本目标相比较，找出实现成本目标的差距。

(3)建立预测模型进行成本预测。预测模型是用数学语言来描述和研究某一经济事

件与各个影响因素之间数量关系的公式。影响成本水平的因素很多且复杂，为了计算准确，应建立预测模型，然后根据建立的模型和程序进行成本测算。

(4)正式确定目标成本。在对各种降低成本的可行方案进行技术经济分析的基础上，通过综合评价从中选取最优成本方案，预计实施后的成本水平，然后正式确定目标成本。

上述预测程序，要达到最终确定的目标成本，必须反复多次，并且对初步成本目标不断修改和完善，并按最终确定的正式成本目标进行管理。

3.2 成本预测方法

3.2.1 成本预测的基本方法

成本预测在产品形成的整个过程中针对不同的内容、不同阶段可采用不同的方法。成本预测的基本方法可以分为定性预测法和定量预测法两大类。

3.2.1.1 定性预测法

定性预测法又称直观判断预测法，它主要是由熟悉情况和业务的专业人员根据专业知识、实践经验，凭借综合分析能力，预测未来成本水平的一种方法。常用的定性预测法有调查研究判断法和分析判断法两种。

(1)调查研究判断法。它是通过对事物历史与现状的调查研究、查询有关资料和有关专业人员结合经验教训，对今后事物发展方向和可能程度做出推断的方法。该法的准确性取决于被调查对象的代表性和广泛性。

(2)分析判断法。它是根据几个有关经济指标之间的内在联系，通过一个或几个因素的变动来测算预测指标数值的方法。如采用因素分析法来测算产品降低指标等。

定性预测法主要在缺乏历史资料或主客观条件有了很大变化，难以根据历史资料来推断的情况下采用。

3.2.1.2 定量预测法

定量预测法是根据过去比较完备的历史资料，以及成本与影响因素之间的数量关系，通过一定的数学模型方法来推测、计算未来的成本水平。常用的数学模型有时间关系模型、因果关系模型、结构关系模型三大类。

定性预测法和定量预测法并不是相互排斥，而是相互补充的。实际工作中，对某一经济问题只用一种预测方法，往往很难预测准确，因而常常两种方法结合起来应用。

3.2.2 目标成本的预测

目标成本是指企业在一定时期内为保证实现目标利润而规定的产品成本应达到的标准。目标成本作为企业成本管理的奋斗目标，在制定时既要科学合理，又要先进可行。下面介绍几种目标成本预测的方法。

3.2.2.1 倒挤法

倒挤法是根据市场的调查资料、预计销售数量和销售单价，扣除预期达到的目标利润和根据国家规定税率预计的销售税金及期间费用而倒算出目标成本的方法。计算公式如下：

目标成本 = 预计销售收入 - 预计销售税金 - 预计期间费用 - 预计目标利润

3.2.2.2　数学模型预测法

数学模型预测法是根据产品成本的历史资料，按照成本性态，运用数学模型的方法预测计划期目标成本水平。具体包括高低点法和回归分析法等。

1. 高低点法

高低点法是根据历史资料中产量最高和最低两个时期的成本数据，来测算产品的固定成本和变动成本，以预测计划期内产量变化时的目标成本水平。

高低点法的具体步骤是：

第一步：确定总成本与业务量之间的关系式。公式为：

$$y = a + bx$$

式中：y 为目标总成本；a 为固定成本；b 为单位变动成本；x 为业务量。

第二步：将最高点业务量（x_2）、总成本（y_2）和最低点业务量（x_1）、总成本（y_1）代入上述公式，求出单位变动成本。公式为：

$$b = (y_2 - y_1) \div (x_2 - x_1)$$

第三步：将最高点业务量、成本值或最低点业务量、成本值和 b 代入下式求出固定成本。

$$a = y_2 - bx_2$$

或

$$a = y_1 - bx_1$$

第四步：根据 a、b 值和计划期业务量预测值 x，求出计划期目标成本。

2. 回归分析法

回归分析法是根据产品成本的历史资料，用代表产量和成本的函数关系列出回归方程，用以确定固定成本和变动成本，预计计划期内计划产量下的目标成本。该法是利用最小二乘法“偏差平方和最小”的原理，亦称最小二乘法。

回归分析法的数学模型：

$$y = a + bx$$

其中：

$$a = (\sum Y - b\sum X) \div n$$

$$b = (n\sum XY - \sum X\sum Y) \div [n\sum X^2 - (\sum X)^2]$$

3.2.2.3　因素测算法

因素测算法是通过分析成本变动的各项技术经济因素和准备采取的相应的成本降低措施的影响，预测计划期目标成本水平。因素测算法适用于可比产品目标成本的预测。

因素测算法主要有以下几个步骤：

第一步：计算基期全年预计平均单位成本。

基期平均单位成本是预测计划年度可比产品成本降低额和降低率的基础。企业成本计划的编制一般是在基期的第四季度进行，因此需要对基期第四季度的单位成本进行预

计,以便求得基期全年的平均单位成本。其计算公式为:

$$\text{基期预计平均单位成本}=\frac{\text{1～9月实际平均单位成本}\times\text{1～9月实际产量}+\text{第四季度预计平均单位成本}\times\text{第四季度预计产量}}{\text{1～9月实际产量}+\text{第四季度预计产量}}$$

第二步:测算计划期内各项主要因素影响成本降低的程度。

(1)测算原材料对成本降低的影响。原材料项目一般受消耗定额和单价两个因素的影响,其计算公式为:

成本降低率=[1-(1-材料消耗定额降低率)×(1±材料价格升降率)]×原材料占成本比率

(2)测算劳动生产率和工资变化对成本降低的影响。单位成本中的工资项目的升降,受生产工人平均工资的增长和劳动生产率的提高两个因素的影响。其计算公式为:

$$\text{成本降低率}=\left(1-\frac{1+\text{生产工人工资增长率}}{1+\text{劳动生产率提高率}}\right)\times\text{生产工人工资占成本比率}$$

(3)测算产品产量变动和制造费用变动对成本降低的影响。

产品成本中的制造费用由两部分构成:一部分是固定性制造费用,它不随产量的变动而变动,如管理人员的工资、办公费等;一部分是变动性制造费用,它随着产量的变动而呈正比例的变动,如机物料消耗等。因此,计算产量和制造费用对成本降低的影响也应分为两部分分别进行。其计算公式为:

$$\text{固定制造费用项目影响的成本降低率}=[1-1\div(1+\text{产量增长率})]\times\text{固定制造费用占成本比率}$$

$$\text{变动性制造费用项目影响的成本降低率}=[1-(1+\text{变动制造费用增加率})\div(1+\text{产量增长率})]\times\text{变动性制造费用占成本比率}$$

第三步:综合计算可比产品成本降低率和降低额。其计算公式为:

$$\text{可比产品成本降低率}=\text{原材料项目影响的成本降低率}+\text{工资费用项目影响的成本降低率}+\text{固定制造费用项目影响的成本降低率}+\text{变动性制造费用项目影响的成本降低率}$$

$$\text{可比产品成本降低额}=\sum\text{计划产量}\times\text{基期预计平均单位成本}\times\text{成本降低率}$$

第四步:计算计划期可以产品的目标总成本和单位目标成本。其计算公式为:

$$\text{目标总成本}=\sum\text{计划产量}\times\text{基期预计平均单位成本}-\text{可比产品成本降低额}$$

$$\text{单位目标成本}=\text{目标总成本}\div\text{计划期产量}$$

3.2.2.4 本、量、利分析预测法

本、量、利分析预测法是利用成本、业务量和目标利润三者之间的内在联系根据业务量和目标利润变化来预测计划期的目标成本水平。本量利分析法不仅可以用来预测成本,更重要的是可以用来规划目标利润和制订价格。在这里,只是说明本量利分析法是如何预测目标成本的。

目标成本一般由固定成本和变动成本两部分组成,因此计划期的目标成本预测可以分为固定成本预测和变动成本预测两部分进行。其计算公式为:

$$固定成本 = 业务量 \times (单价 - 单位变动成本) - 目标利润$$

$$单位变动成本 = 单价 - \frac{固定成本 + 目标利润}{业务量}$$

3.3　成本计划概述

成本计划是以成本预测为基础,根据目标成本,以货币形式预先规定企业在计划期内产品生产耗费和各种产品的成本水平,以及为保证成本计划实现采取的主要措施和方案。它是企业经营计划的重要组成部分,又是现代企业成本会计的一项重要内容。

3.3.1　成本计划的作用

成本计划的编制确定了企业全体职工在计划期内的奋斗目标,同时也为企业日常控制生产耗费提供了依据,因此成本计划的编制在企业成本管理中具有重要的作用。

(1)成本计划是促进企业挖掘潜力,有计划降低成本的重要工具。企业在编制成本计划过程中,为了促使成本计划能达到先进可行,必须充分发动群众,共同参与修订消耗定额,提出增产节约的措施,挖掘企业内部的潜力;成本计划在执行过程中,作为企业降低成本的奋斗目标,可以促使企业各部门、各环节改善经营管理,精打细算,合理利用人力、物力、财力,从而保证企业成本降低任务的实现。

(2)成本计划是企业落实成本管理责任制的基础。成本计划规定有企业生产经营活动应采取的具体部署和安排。成本计划一经确定,就应把计划指标层层分解到车间、班组及有关职能部门,明确各方的责、权、利,做到责权分明,这就为实现成本管理责任制奠定了基础,从而充分调动各部门、各单位和个人的自觉参与意识,起到改善和加强成本管理责任制以及提高经济效益的作用。

(3)成本计划是编制其他经营计划的重要依据。成本指标在企业成本、利润、资金等指标体系中起核心作用,企业生产经营的每一环节和每一个方面的活动都与成本的发生有着密切的联系,因此成本计划必须与其他经营计划相互衔接和平衡。成本计划是编制其他经营计划的基础。如企业编制资金计划、利润计划都必须以成本计划资料作为依据。

3.3.2　成本计划的内容

煤炭企业的成本计划主要包括主要产品单位成本计划、全部产品成本计划和生产费用预算。

(1)主要产品单位成本计划。主要产品单位成本计划,是指按企业本身确认的主要商品产品品种,对每一种商品产品编制一份成本计划,用以反映计划期内主要产品成本水平及各成本项目的构成情况。对于可比产品还应反映与上期相比的降低率和降低额。

(2)全部产品成本计划。全部产品成本计划反映企业在计划期生产的全部商品产品总成本水平,可以按照产品品种编制,也可以按成本项目编制。一般应按可比产品和不可比产品两部分编制该计划。如为可比产品要在计划中列示其上年实际、本年计划及其降低率和降低额;如为不可比产品,只列示其本年计划成本。

(3)生产费用预算。生产费用预算是反映各车间组织和管理生产所发生的各种费用预算,以及不计入产品成本的期间费用预算。一般按规定的费用项目反映。

3.3.3 成本计划的编制要求

要使成本计划指标切实可行、科学合理,编制时应按照以下要求:

(1)要以先进合理的技术经济定额为基础。定额是编制成本计划的基础,建立在先进的、符合实际的技术经济定额基础上的计划才是切实可行的,才能发挥其应有的作用。如果定额要求过高,难以保证完成;如果定额要求过低,就起不到降低成本的作用。因此,成本计划应以先进合理的定额为基础。

(2)成本计划应与其他经营计划相衔接。成本计划作为经营计划体系的一个组成部分,它既是编制其他经营计划(如资金计划、利润计划等)的基础,也是以其他经营计划(如生产计划、劳动工资计划等)为依据的,综合反映着这些计划所预计产生的经济效果。因此,要求编制成本计划时要注意与其他计划相互衔接,考虑其他经营计划的要求和影响。

(3)应符合统一领导、分级归口管理的原则。成本计划的内容复杂,涉及面广泛,为了强化成本计划的严肃性和可行性,应在厂长的统一领导下,广泛征集、吸收各有关部门人员的意见和要求,采用走群众路线的方法,才能成为广大职工自愿完成的目标。

(4)编制成本计划必须遵守国家的财经法令和规章制度,执行国家和上级主管部门有关编制成本计划的统一规定,成本项目和计算方法应与实际成本核算口径一致。

3.3.4 编制成本计划的基本程序

成本计划的编制一般应遵循下列程序进行:

(1)收集和整理资料。在编制成本计划前,要广泛收集和整理各项必要的基础资料。所需收集和整理的基础资料有:企业计划、各种技术经济定额、厂内计划价格、各种费用预算、以前年度成本资料、国内外同类型产品成本资料等。

(2)分析上年成本计划的执行情况。通过上年成本计划执行情况分析,找出计划得以执行或未能完成的原因,为计划年度工作安排提供依据。

(3)进行成本计划的测算工作。在对上年成本资料分析的基础上,根据目标成本预测结果,测算计划期产品成本可能降低幅度。

(4)正式编制成本计划。经过对成本降低指标测算达到企业目标成本后,财务部门可以在其他部门的配合下,正式编制企业的成本计划,并经企业领导批准后,据以组织实施。

3.4 成本计划的编制方法

成本计划的编制因企业组织规模、核算体制和管理要求不同而有所不同,主要有集中编制和分级编制两种方式。

若企业规模不大,或生产品种较少可采用集中编制方式,即由厂财务处(科)直接编制全厂成本计划；若企业规模较大、生产品种较多可采用分级编制方式，即由各车间分别编制车间成本计划，然后由企业财务处（科）汇总编制整个企业的成本计划。

成本计划的编制方法，也因企业的情况而异。在企业各项消耗定额、计划资料齐全的情况下，可以按照成本项目和企业采用的成本计算方法，分项详细计算各种产品的计划，再汇编全部产品成本计划，此法称为直接计算法，又称细算法；在企业各项消耗定额和计划资料不齐全的情况下，可采用因素测算法编制成本计划，此法又称为概算法。

下面就介绍一下直接计算法下成本计划的编制。

3.4.1 集中编制成本计划的方法

3.4.1.1 单位产品成本计划的编制

在编制单位产品成本计划时，首先按成本项目分别编制，然后汇总。

（1）原材料项目。

一般按下式计算：

$$\text{单位产品原材料成本} = \sum(\text{单位产品各种原材料消耗定额} \times \text{该种原材料计划单价})$$

单位产品成本中燃料及动力费用计算与原材料项目相同。

（2）工资及福利费项目。

单位产品工资成本可按下式计算：

$$\text{单位产品工资成本} = \text{单位产品计划工时定额} \times \text{计划小时工资率}$$

单位产品成本中福利费项目可按单位产品工资项目的14%计算。

（3）制造费用项目。

制造费用的计划数，其中一部分可按规定标准计算，另一部分没有规定标准的可以参照上年实际并结合计划节约措施加以预计确定，然后再测算小时费用分配率。其计算公式如下：

$$\text{计划制造费用分配率} = \text{制造费用计划总额} \div \text{车间全部产品计划定额工时}$$

$$\text{单位产品制造费用计划数} = \text{单位产品计划工时定额} \times \text{计划制造费用分配率}$$

将以上成本项目汇总，即为单位产品计划成本。

3.4.1.2 全部产品成本计划的编制

全部产品成本计划是根据单位产品成本计划和企业生产计划编制的，它是在计算可比产品与不可比产品单位成本的基础上，计算各种产品的总成本以及可比产品成本的降低额和降低率。

3.4.2 分级核算成本计划的编制

分级核算成本计划的编制适用于大中型企业成本计划的编制。因为大中型企业多设辅助生产车间为基本生产车间和管理部门提供产品和劳务，因此，分级核算成本计划的编制要经过以下程序：首先编制辅助生产车间费用计划；其次编制基本生产车间费用计划；最后编制全厂商品产品成本计划。

3.4.2.1 辅助生产车间费用计划的编制

辅助生产车间费用计划是按照每一辅助生产车间来编制的。它包括辅助生产费用计划和辅助生产费用分配计划两部分。

1. 辅助生产费用计划的编制

辅助生产费用项目的计划数，可依据下列不同情况加以确定：

（1）有消耗定额的，可以根据计划期产量、单位产品消耗定额和计划单价确定，如原材料项目等。

（2）凡有规定费用开支标准的项目按规定标准计算，如劳动保护费等。

（3）凡没有消耗定额和费用开支标准的项目，可根据上期预计（实际）数、本年产量变动和费用节约要求确定，如低值易耗品等。公式如下：

$$\text{本年费用计划数} = \frac{\text{上年费用预算（实际）数} \times \text{本年计划产量}}{\text{上年预计（实际）产量}} \times (1 - \text{计划节约率})$$

（4）凡在其他计划中有现成资料的项目，可直接使用，如工资可按劳动工资计划确定。

2. 辅助生产费用分配计划的编制

辅助生产费用计划编制后，应把辅助生产费用全部分配给各受益单位。辅助生产费用分配方法与实际成本计算中采用的分配方法一致。

3.4.2.2　基本生产车间成本计划的编制

基本生产车间成本计划应分别按各基本生产车间分别编制。每个基本生产车间在编制成本计划时，首先按车间分产品编制各车间直接费用计划，各项直接费用的计算方法与前述一级核算单位产品成本计划计算各项目的方法相同；其次编制各车间制造费用预算，并在车间各产品之间进行分配；最后根据车间直接费用计划和制造费用预算及分配情况汇编车间的产品成本计划。

3.4.2.3　全厂商品产品成本计划的编制

财务部门在对各车间编制的成本计划进行审查后，就可以着手汇编主要产品单位成本计划和全部商品产品成本计划。

第 4 章　煤炭企业成本决策

4.1　成本决策概述

4.1.1　成本决策的作用

成本决策是为了实现既定的目标,在充分占有必要的信息资料的基础上,借助于成本预测的结果,比较各种备选方案,并从中优选的过程。成本决策不仅是成本管理的重要职能,而且还是生产经营决策的重要组成部分。由于成本决策主要是解决资金耗费的经济合理性问题,因而成本决策具有很强的综合性,对其他生产经营决策起着指导和约束作用。

随着市场经济的不断完善和发展,企业之间的竞争日趋加剧,企业要想在竞争中求得生存和发展,提高市场竞争能力,必须依靠科学的成本决策。

(1)成本决策是建立现代企业制度的客观要求。建立现代企业制度明确提出了“管理科学”这一基本要求,科学的管理离不开科学的决策。在企业管理中只有正确的成本决策,才能减少成本管理中不必要的浪费,才能在激烈的市场竞争中立于不败之地。“邯钢”科学的成本决策经验就是最好的验证。

(2)成本决策是提高企业经济效益的重要途径。成本指标是企业经济效益的综合反映,是除了利润指标外综合程度最高,对企业生产经营活动最敏感的经济指标,成本的降低就意味着利润的上升。科学的成本决策,有利于企业从各个环节降低产品成本,从而提高企业经济效益。

(3)成本决策有利于企业适应内外部环境条件的变化,更好地提高企业市场竞争能力和适应市场能力。一方面,随着生产的社会性愈加强烈,企业外部环境条件处于急剧的变化之中,为了适应这种形势,企业就必须从资金耗费能否得到巨大节约的角度来规划自身经营活动;另一方面,随着科学技术的不断发展和规模经济的要求,企业生产投资额度不断升高,资金耗费也日渐上升。因此,企业应对自身的经营行为合理控制,而这一切又要维系于科学的成本决策之上。

4.1.2　成本决策的基本程序

成本决策是一个确定目标、制定备选方案、进行比较分析、做出决定的过程。科学的成本决策需要从以下几方面进行:

(1)确定成本决策目标。成本决策目标就是要求企业在生产经营活动中,资金耗费水平最低,企业经济效益最大。在某一具体问题中,可采取各种不同的形式,但是总的原则是必须兼顾企业目前和长远经济利益,并且通过自身努力能够实现。确定成本目标是成本决策的前提:成本目标正确,成本决策才能顺利进行;成本目标错误或偏差,就会导致成本决策失误,不能调动职工生产积极性,甚至挫伤职工生产积极性。因此,确定成本目标是成本决策程序中很重要的一步。只有先确定成本决策目标,才能根据目标要求进行以下各项工作,直至做出具体决策。

(2)收集资料。根据成本决策目标,广泛收集与进行该项成本决策有关的所有成本资料和其他资料。收集资料是做出可靠决策的基础,成本决策的依据越充分,成本决策的基础越坚实,成本决策的成功概率就越大。有人说,90%的情报加10%的直觉是决策成本的秘诀。可见,广泛收集资料在决策中的重要性。

(3)拟定可行性方案,进行方案评价。拟定可行性方案是成本决策达到目的的有效途经。理想的可行性方案应该具备整体性、详尽性和相互排斥性。企业拟定出预选方案后,要对每个方案进行充分论证,突出经济上的效益性、技术上的先进性和现实的可行性。企业通过综合论证方案所达到的成本水平和经济效益,为正确的成本决策提供依据。

(4)做出成本决策。通过各个可行性方案的评价,经过反复衡量和科学判断,最终做出成本决策。成本决策是从比较到决断的过程,因此,对比、优选是成本决策的关键步骤。对比不仅是把不同方案进行比较,更重要的是把各种方案同客观实际作一番比较。通过全面比较,选择出最优方案。

4.2 成本决策的方法

成本决策的方法根据成本决策的类型不同,主要有差量分析法、量本利分析法、决策表法和决策树法等。

4.2.1 差量分析法

差量分析法,又称差异分析法,它是根据两个方案的差量收入与差量成本的比较进行方案优选的一种方法。差量收入是指两个方案之间的预期收入的差异数;差量成本是指两个方案之间的预期成本的差异数。在方案比较顺序一致的前提下,若差量收入大于差量成本,则表明前一个备选方案优于后一个备选方案;若差量收入小于差量成本,则表明后一个备选方案优于前一个备选方案。

在运用差量分析法优选方案时,若差量收入为零,此时,只需要衡量其差量成本水平,则差量分析法又称为差量成本法;若存在两个以上的备选方案,则需要分别两个方案进行比较,最终筛选出提供经济效益最大的方案。在运用差量分析法时还应注意差量的比较顺序,即确定方案的预期差量收入和差量成本的比较,以及被比较顺序始终保持一致。

4.2.1.1 零件自制或外购的决策

例如,某企业生产甲产品需要A部件,年需要量1 000个。企业可选用自制和外购两种方式。其资料如下:自制时,A部件单位变动成本为100元,专属固定成本10 000元;若外购单价为105元。要求:进行最优成本决策。

根据上述资料编制差量分析表,如表4-1所示。

表 4-1　差量分析　（单位:元）

项目	外购	自制
变动成本	1 000 × 105 = 105 000	1 000 × 100 = 100 000
固定成本	0	10 000
合计	105 000	110 000
差异	−5 000	

通过表 4-1 计算可知,外购比自制节约 5 000 元,则外购为最优方案。

4.2.1.2　企业生产产品品种的决策

例如,某企业现有设备生产能力为 30 000 机器小时,现有设备既可生产甲产品,又可生产乙产品,有关资料如表 4-2 所示。

表 4-2　甲、乙产品成本资料　（单位:元）

项目	甲产品	乙产品
工时定额(小时)	10	15
单位售价	25	32
单位变动成本	12	16
固定成本	10 000	10 000

要求:根据上述资料进行最优成本决策。

首先,计算现有生产能力条件下生产各种产品的年产量。

甲产品预计年产量 = 30 000 ÷ 10 = 3 000(件)

乙产品预计年产量 = 30 000 ÷ 15 = 2 000(件)

其次,计算甲、乙两种产品的差量收入和差量成本,如表 4-3 所示。

表 4-3　差量分析　（单位:元）

项目	生产甲产品	生产乙产品	差异额
预期收入	3 000 × 25 = 75 000	2 000 × 32 = 64 000	11 000
预期成本	46 000	42 000	4 000
其中:变动成本	3 000 × 12 = 36 000	2 000 × 16 = 32 000	4 000
固定成本	10 000	10 000	0
差量利润			7 000

最后,做出最优决策。

通过上述计算可知,差量收入大于差量成本,故选择生产甲产品最有利。

4.2.1.3　半成品是进一步加工或直接出售的成本决策

例如,某厂年产甲半成品 2 000 件,其单位变动成本为 25 元,固定成本总额为 30 000

元,单位售价 45 元。若把甲半成品进一步加工成乙产成品,销售单价预计可增加到 60 元,但需要追加单位变动成本 9 元,专属固定成本 5 000 元。

要求:根据上述资料进行最优成本决策。

根据上述资料编制差量分析表,如表 4-4 所示。

表 4-4　差量分析 (单位:元)

项目	加工为乙产品	出售甲半成品	差异额
预期收入	2 000 × 60 = 120 000	2 000 × 45 = 90 000	30 000
预期成本	23 000	0	23 000
其中:变动成本	2 000 × 9 = 18 000	0	
固定成本	5 000	0	
差量利润			7 000

通过表 4-4 计算可知,加工为乙产品出售比直接出售甲半成品多增加利润 7 000 元,所以应当选择深加工为乙产品后再出售。

4.2.2　量本利分析法

量本利分析法是根据备选方案的成本、业务量和利润三者之间的依存关系进行方案优选的一种方法。这种方法的关键是确定"成本临界点",所谓成本临界点是指两个备选方案成本相等情况下的业务量。

下面以实例说明生产设备选择中的成本决策。

例如,某企业生产甲产品,可以用一般设备和数控设备进行生产,各种设备生产的成本资料如表 4-5 所示。

表 4-5　设备成本资料 (单位:元)

成本	一般设备	数控设备
年固定成本	40 000	80 000
单位变动成本	10	6

要求:根据上述资料进行最优成本决策。

首先,计算采用一般设备和数控设备的成本临界点。

设 x 为成本临界点的业务量,则:

一般设备的预期成本　$y = 40\ 000 + 10x$

数控设备的预期成本　$y = 80\ 000 + 6x$

当成本平衡时:$40\ 000 + 10x = 80\ 000 + 6x$

则　$x = 10\ 000$(件)

其次,进行最优决策。

当甲产品小于 10 000 件时,采用一般设备生产的成本最低,应选择一般设备生产;当甲产品产量超过 10 000 件时,则采用数控设备生产最为有利。

上述的成本决策过程也可以通过绘制分析图分析如图 4-1 所示。

通过图 4-1 可知,当产量小于 10 000 件时,一般设备的总成本最低;当产量大于 10 000 件时,数控设备的总成本最低。

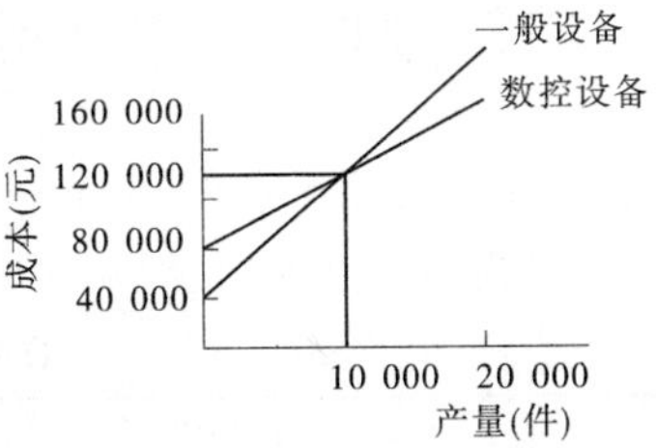

图 4-1　成本决策分析

4.2.3　决策表法

决策表法是利用矩阵的方法进行决策的,故又称为矩阵法。决策表法是从预计收入和预计支出两个侧面进行决策的,因此又分为收入决策法和支出决策法。

4.2.3.1　收入决策法(又称小中取大法)

收入决策法是在未来收入不确定的情况下,先估计各种方案可能发生的收入,根据谨慎性原则,把各种方案的预期收入进行比较,从各种备选方案的最小收入中选取最大者作为最优方案。这种方法的目的是通过从可能出现的最坏情况下考虑方案的可行性,以求得决策的可靠性。

例如,某企业准备投产一种产品,有三种推销方案。市场情况不确定,其具体资料如表 4-6 所示。

表 4-6　各方案预计收入情况　(单位:元)

方案	预计收入		
	畅销	销售一般	销路较差
方案Ⅰ	10 000	8 000	5 000
方案Ⅱ	12 000	9 000	4 000
方案Ⅲ	13 000	8 500	6 000

要求:根据上述资料做出最优决策。

根据上述资料列表进行计算决策,如表 4-7 所示。

表 4-7　决策表(小中取大法)　(单位:元)

方案	预计收入			最小收入
	畅销	销售一般	销路较差	
方案Ⅰ	10 000	8 000	5 000	5 000
方案Ⅱ	12 000	9 000	4 000	4 000
方案Ⅲ	13 000	8 500	6 000	6 000
最小收入中最大者				6 000
最优方案				方案Ⅲ

4.2.3.2　支出决策法(又称大中取小法)

支出决策法是在未来支出不确定的情况下,先估计各种方案可能发生的支出,根据谨慎性原则,把各种方案的预期支出进行比较,各种备选方案最大支出中选最小者作为最优方案。

例如,某企业采购材料一批,半个月后使用,原材料有三种储存方式,在不同天气情况下其损失情况如表 4-8 所示。

表 4-8　各方案预计支出情况　（单位:元）

方案	预计支出		
	畅销	销售一般	销路较差
露天存放	0	50 000	100 000
租用帐篷	10 000	15 000	20 000
简易仓库	40 000	41 000	42 000

要求:根据上述资料做出最优决策。

根据上述资料列表进行计算决策,如表 4-9 所示。

表 4-9　决策表(大中取小法)　（单位:元）

方案	预计支出			最大支出
	畅销	销售一般	销路较差	
露天存放	0	50 000	100 000	100 000
租用帐篷	10 000	15 000	20 000	20 000
简易仓库	40 000	41 000	42 000	42 000
最大支出中最小者				20 000
最优方案				租用帐篷

4.2.4　决策树法

决策树法是以图解方式分别计算各个方案在不同自然状态下的成本数值,通过比较各方案的成本值进行优选的一种决策方法。决策树法适用于风险型的成本决策。

运用决策树法进行风险成本决策分析时,一般有以下几个步骤:

第一步,绘制决策树。决策树是把与决策有关的方案列成树枝状的图形。决策树的构成有四方面的要素:决策点、方案枝、状态点、概率枝。以决策点为出发点,引出若干方案枝,表示有若干方案;在方案枝的末端是自然状态点,从自然状态点再引出若干概率枝,表示若干自然状态;概率枝的末端标上各种自然状态的成本值。决策树如图 4-2 所示。

第二步,计算各种备选方案的成本期望值,用以比较它们的成本数值。计算公式为:

$$E = \sum_{i=1}^{n} x_i p_i$$

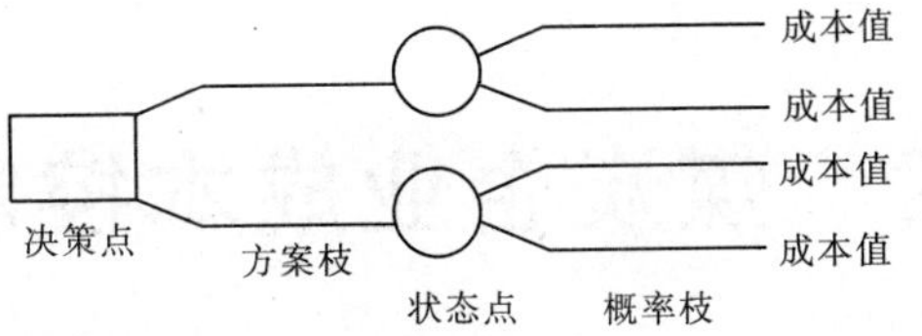

图 4-2　决策树

式中:E 为备选方案的期望值;x_i 为第 i 种情况下可能发生的成本值;P_i 为第 i 种情况下出现的概率。

第三步,优选与剪枝。在各个决策点上,剪去成本较高的分枝,最后保留下来的就是最优方案。

第 5 章　煤炭企业成本控制概述

5.1　成本控制的意义

成本控制是在企业生产经营过程中，按照既定的成本标准，对构成产品成本的一切耗费进行严格的计算、调节和监督，使生产耗费控制在预定的范围内。

成本控制是现代成本管理工作的重要环节。科学地组织控制，及时地揭示成本偏差，并采取有效措施纠正不利差异、发展有利差异，对保证目标成本或成本计划的全面落实与完成有重要作用。成本控制是企业增加盈利的根本途径，不论在什么情况下，降低成本都可以增加利润。在收入不变的情况下，降低成本可使利润增加；在收入增加的情况下，降低成本可使利润更快增长；在收入下降的情况下，降低成本可抑制利润的下降。成本控制是抵抗内外压力、求得生存的主要保障，降低成本可以提高企业价格竞争能力（因成本低了可使价格有更大的调控空间），可以提高安全边际率，使企业在经济萎缩时继续生存下去；降低成本可避免外部的诸多压力（因提高售价会引发经销商和供应商相应的提价要求和增加流转税负担等，而降低成本可避免这类压力）；降低成本，可使企业有更多的资金去提高产品质量、创新设计，或者提高职工待遇和增加股利。成本降低了，可以采取降价策略，争取更多客户，提高企业的竞争能力，形成良性发展。

5.2　成本控制的内容及原则

5.2.1　成本控制的内容

成本控制的内容非常广泛，但这并不意味着事无巨细地平均使用力量，成本控制应该有计划、有重点地区别对待。各行各业不同企业有不同的控制重点。控制内容一般可以从成本形成过程和成本费用分类两个角度加以考虑。

5.2.1.1　按成本形成过程划分

（1）产品投产前的控制。这部分控制内容主要包括：产品设计成本，加工工艺成本，物资采购成本，生产组织方式，材料定额与劳动定额水平等。这些内容对成本的影响最大，可以说产品总成本的60%取决于这个阶段的成本控制工作的质量。这项控制工作属于事前控制方式，在控制活动实施时真实的成本还没有发生，但它决定了成本将会怎样发生，它基本上决定了产品的成本水平。

（2）制造过程中的控制。制造过程是成本实际形成的主要阶段。绝大部分的成本支出在这里发生，包括原材料、人工、能源动力、各种辅料的消耗、工序间物料运输费用、车间以及其他管理部门的费用支出。投产前控制的种种方案设想、控制措施能否在制造过程中贯彻实施，大部分的控制目标能否实现和这阶段的控制活动紧密相关，它主要属于始终控制方式。由于成本控制的核算信息很难做到及时，会给事中控制带来很多困难。

(3)流通过程中的控制。包括产品包装、厂外运输、广告促销、销售机构开支和售后服务等费用。在目前强调加强企业市场管理职能的时候，很容易不顾成本地采取种种促销手段，反而抵消了利润增量，所以也要作定量分析。

5.2.1.2 按成本费用的构成划分

(1)原材料成本控制。在制造业中原材料费用占了总成本的很大比重，一般在60%以上，高的可达90%，是成本控制的主要对象。影响原材料成本的因素有采购、库存费用、生产消耗、回收利用等，所以控制活动可从采购、库存管理和消耗三个环节着手。加强材料费用的日常控制非常重要，车间施工员和技术检查员要监督按图纸、工艺、工装要求进行操作，实行首件检查，防止成批报废。车间设备管理员要按照工艺规程规定的要求监督设备维修和使用情况，不合要求不能开工生产。供应部门材料员要按规定的品种、规格、材质实行限额发料，监督领料、补料、退料等制度的执行。生产调度人员要控制生产批量，合理下料，合理投料，监督期量标准的执行。车间材料费的日常控制，一般由车间材料核算员负责，它要经常收集材料，分析对比，追踪原因，并会同有关部门和人员提出改进措施。

(2)工资费用控制。工资在成本中占有一定的比重，增加工资又被认为是不可逆转的。控制工资与效益同步增长，减少单位产品中工资的比重，对于降低成本有重要意义。控制工资成本的关键在于提高劳动生产率，它与劳动定额、工时消耗、工时利用率、工作效率、工人出勤率等因素有关。加强工资费用控制，主要是车间劳资员对生产现场的工时定额、出勤率、工时利用率、劳动组织的调整、奖金、津贴等的监督和控制。此外，生产调度人员要监督车间内部作业计划的合理安排，要合理投产、合理派工，控制窝工、停工、加班、加点等。车间劳资员(或定额员)对上述有关指标负责控制和核算，分析偏差，寻找原因。

(3)制造费用控制。制造费用开支项目很多，主要包括折旧费、修理费、辅助生产费用、车间管理人员工资等，虽然它在成本中所占比重不大，但因不引人注意，浪费现象十分普遍，是不可忽视的一项内容。

(4)企业管理费控制。企业管理费指为管理和组织生产所发生的各项费用，开支项目非常多，发生的情况各异，也是成本控制中不可忽视的内容。上述这些都是绝对量的控制，即在产量固定的假设条件下使各种成本开支得到控制。在现实系统中还要达到控制单位成品成本的目标。

5.2.2 成本控制的基本原则

5.2.2.1 经济原则

经济原则是指因推行成本控制而发生的成本，不应超过因缺少控制而丧失的收益。经济原则在很大程度上决定了我们只在重要领域中选择关键因素加以控制，而不对所有成本都进行同样周密的控制。经济原则要求成本控制要能起到降低成本、纠正偏差的作用，具有实用性，同时要求在成本控制中贯彻“例外管理”原则及重要性原则。经济原则要求成本控制系统应具有灵活性。

5.2.2.2　因地制宜原则

因地制宜原则是指成本控制系统必须个别设计，适合特定企业、部门、岗位和成本项目的实际情况，不可照搬别人的做法。

5.2.2.3　全面介入原则

全面介入原则是指成本控制的全部、全员、全过程的控制。全部是对产品生产的全部费用要加以控制，成本控制不仅对变动费用要控制，对固定费用也要进行控制。全员控制是要发动领导干部、管理人员、工程技术人员和广大职工建立成本意识，参与成本控制，认识到成本控制的重要意义，才能付诸行动。全过程控制，是对产品的设计、制造、销售过程进行控制，并将控制的成果在有关报表上加以反映，借以发现缺点和问题。

5.2.2.4　例外管理原则

成本控制要将注意力集中在超乎常态的情况。因为实际发生的费用往往与预算有出入，如发生的差异不大，也就没有必要一一查明其原因，而只要把注意力集中在非正常的例外事项上，并及时进行信息反馈。

5.3　成本控制的基本程序

成本控制一般可分为以下三个步骤：

(1)制定成本控制标准。成本控制标准是控制成本费用的重要依据。成本标准一般按直接材料、直接人工和制造费用分别制定。它是对各项费用和资源消耗规定的数量限额，也是成本控制和考核的重要依据。

(2)揭示成本差异。就是将实际成本与成本标准进行比较，及时揭示成本差异，并分析成本差异的程度和性质，确定造成差异的原因和责任归属。差异的计算与分析也要分材料、人工、费用三个项目进行。

(3)成本反馈。成本控制中，成本差异的情况要及时反馈到有关部门，以便组织群众挖掘潜力，及时控制与纠正差异，并把成本指标的考核纳入经济责任制，实施奖惩。如材料成本差异分析后，将数量差异情况反馈给生产部门和技术部门，价格差异情况反馈给供销部门。

5.4　标准成本控制

5.4.1　标准成本制度及其作用

标准成本制度产生于20世纪20年代的美国，是泰罗制与会计相结合的产物。第二次世界大战后，随着管理会计的发展，标准成本制度在成本预算的控制方面得到广泛的应用。与一般的成本计算方法不同，标准成本制度将日常核算与差异分析相结合，成本控制与成本计算相结合。

标准成本制度是以事先确定的标准成本为基础，用标准成本与实际成本进行比较，核算和分析成本差异的一种产品成本计算方法，它也是加强成本控制、评价经营业绩的一种成本控制制度。标准成本制度的核心是按标准成本记录和反映产品成本的形成过程和结果,并借以实现对成本的控制。标准成本制度是目标成本控制常用的方法。

标准成本制度是以目标成本(标准成本)为基础,把实际发生的成本与标准成本进行对比,揭示出成本差异,以此为线索,企业可以进一步查明形成差异的原因和责任,并据以采用相应的措施,巩固成绩,改进不足之处,实现对成本的有效控制。期末,通过一定的方法将标准成本和成本差异结合起来,确定产品的实际成本。由此可见,以标准成本为基础形成的标准成本制度,把成本的事前规划、日常控制和产品实际成本的计算有机地结合起来,从而使之成为加强成本管理、全面提高企业的经济效益的重要工具。

标准成本制度的主要内容包括:标准成本的制定、成本差异的计算和分析、成本差异的账务处理。其中,标准成本的制定是采用标准成本制度的前提和关键,据此可以达到成本事前控制的目的;成本差异计算和分析是标准成本制度的重点,借此可以促使成本控制目标的实现,并据以进行业绩考评。

标准成本制度主要有以下几个作用:

(1)有利于企业的目标管理。标准成本制度是通过"标准"来控制成本的。通过实际成本与标准成本的比较,随时将其差异进行"信息反馈",从而使有关部门及时采取措施,控制成本,力求使实际费用支出不超过成本目标,以达到降低产品成本的目的。

(2)有利于责任会计制度的推行。采用标准成本制度,要将目标成本的各项指标分解到各个成本中心,作为企业考核和评价各个成本中心工作质量的主要指标。通过对企业各项生产经营费用的控制和反映,提高广大职工的成本意识,分清各成本中心责任,促使成本中心努力完成成本目标。

(3)有利于简化产品成本计算工作和及时提供成本资料。标准成本在实际生产之前即已制订。在标准成本制度下,将标准成本和成本差异分别列示,当某一项产品完工时,只需对高于或低于标准的各项差异作出相应的处理,即可算出产品的实际成本。因此,在日常账务处理中,原材料、在产品和产成品等均可按标准成本入账,这就大大地简化了日常的账务处理工作。

(4)有利于做出产品定价决策。标准成本反映产品的预计或期望成本,因此标准成本作为定价依据,有助于企业制订长期、稳定的产品销售价格,从而有利于企业目标利润的实现。

由此可见,标准成本制度不仅是一种成本计算方法,而且是配合目标利润进行成本控制的一种制度。它要求在比较高的工作效率和比较良好的经营条件下,以预计应该发生的成本为基础,计算出标准成本,并根据产品的标准成本编制成本计划,进行日常控制。因此,标准成本制度是目标成本管理的一种手段,可以与任何一种产品成本计算方法(如分批法和分步法)结合运用。

5.4.2　标准成本的种类

标准成本是用科学方法测定的成本,可以用做与实际成本进行比较的基础水准,它们是正常营业情况下所应达到的"目标成本"。换言之,标准成本是通过对未来情况进行分析,预计在正常生产技术水平、有效的经营条件、较高的工作效率下,生产产品所需发生的成本。

标准成本一般有理想标准成本、正常标准成本、基本标准成本和现实标准成本四种类型。

5.4.2.1 **理想标准成本**

理想标准成本是在最佳的生产水平、最优的经营状态下所能达到的标准来制定的标准成本。理想标准成本根据最少的耗费量、最低的耗费价格和可能实现的最高生产能力利用程度等条件制定。也就是说,它是根据资源无浪费、设备无故障、产出无废品、工时全有效的假设前提而制定的现有条件下最理想的最低的成本水平。管理上一般用这种标准来鼓励职工的积极性。但是,在现实经济生活中,这种标准成本往往难以实现,所以很少采用。理想标准成本是指在最优的生产条件下,利用现有的规模和设备能够达到的最低成本。制定理想标准成本的依据是最好的生产条件与最好的生产组织。最好的生产条件包括最好的生产设备、最低的原材料价格、最经济的消耗、最熟练的工人和最合理的工资、最高的产量和销量等。最好的生产组织是指在生产过程中无任何的浪费,无废料、废品、不存在停工损失等。这种标准没有考虑现实的可能性,在实际生产中是很难实现的。

5.4.2.2 **正常标准成本**

正常标准成本是指在现有良好的生产技术和能力的条件下,根据一般应该发生的生产要素消耗量、预计价格和预计生产经营能力利用程度制定出来的标准成本。在制定标准成本时,把生产经营活动中一般不可避免的损耗与低效率情况估计在内,使之切合实际情况,是企业经过努力可以达到的水平,因而可以调动职工的积极性。

5.4.2.3 **基本标准成本**

基本标准成本是根据较长期使用而不变更的标准所制定的标准成本。它是以实施标准成本的第一年度或选定某一基准年度的实际成本作为标准,用以衡量以后各年度的成本高低,据以观察成本升降的趋势。基本标准成本一经制定,以后若干年内不再变动。基本标准成本可以使各个阶段的成本在同一基础上进行比较,但它不能反映出目前应该达到的标准,不能发挥其在成本管理中的作用。所以,在实际工作中也很少采用。正常标准成本是指在现有良好的生产技术和能力的条件下,根据一般应该发生的生产要素消耗量、预计价格和预计生产经营能力利用程度制定出来的标准成本。在制定标准成本时,把生产经营活动中一般不可避免的损耗与低效率情况估计在内,使之切合实际情况,是企业经过努力可以达到的水平,因而可以调动职工的积极性。

5.4.2.4 **现实标准成本**

现实标准成本是根据现有的生产技术水平、正常的生产能力,以有效经营条件为基础而制定的标准成本。它考虑了材料的正常损耗、工人一定的间歇时间、机器的故障等因素,但要求经过努力达到尽可能的高效率。通过有效地经营管理和努力,正常标准成本易于达到,在成本管理中能调动职工降低产品成本的积极性。由于现实标准成本是一种切实可行的标准成本,因此在实际工作中常采用这种标准成本。

5.4.3 成本标准的制定

成本标准是成本控制的准绳,成本标准首先包括成本计划中规定的各项指标,但成本计划中的一些指标成本控制都比较综合，还不能满足具体控制的要求，这就必须规定一系列具体的标准。确定这些标准的方法，大致有以下三种。

5.4.3.1　计划指标分解法

计划指标分解法是指将大指标分解为小指标。分解时，可以按部门、单位分解，也可以按不同产品和各种产品的工艺阶段或零部件进行分解，若更细致一点，还可以按工序进行分解。

5.4.3.2　预算法

预算法就是用制定预算的办法来制定控制标准。有的企业基本上是根据季度的生产销售计划来制定较短期（如月份）的费用开支预算，并把它作为成本控制的标准。采用这种方法特别要注意从实际出发来制订预算。

5.4.3.3　定额法

定额法就是建立起定额和费用开支限额，并将这些定额和限额作为控制标准来进行控制。在企业里，凡是能建立定额的地方，都应把定额建立起来，如材料消耗定额、工时定额等。实行定额控制的办法有利于成本控制的具体化和经常化。在采用上述方法确定成本控制标准时，一定要进行充分的调查研究和科学计算。同时还要正确处理成本指标与其他技术经济指标的关系（如和质量、生产效率等的关系），从完成企业的总体目标出发，经过综合平衡，防止片面性。

制定标准成本，通常先确定直接材料和直接人工的标准成本，其次制定制造费用的标准成本，最后制定单位产品的标准成本。制定时，无论是哪一个成本项目，都需要分别确定其用量标准和价格标准，两者相乘后得出成本标准（见表 5-1）。

表 5-1　用量标准和价格标准

成本项目	用量标准	价格标准
直接材料	单位产品材料消耗量	原材料单价
直接人工	单位产品直接人工工时	小时工资率
制造费用	单位产品直接人工工时（或台时）	小时制造费用分配率

1. 直接材料标准成本

制定直接材料标准成本要考虑的两个基本因素是直接材料数量标准与直接材料价格标准。

（1）直接材料数量标准。直接材料数量标准的确定以正常生产条件下单位产品耗用材料与正常范围内允许发生的损耗及不可避免的废品所耗费的材料数量为依据。

（2）直接材料价格标准。直接材料价格标准是预计下期实际需要支付的平均单位价格，包括发票价格、运费、检验和正常损耗等成本，是取得材料的完全成本。

直接材料标准成本计算公式：

$$\text{某产品直接材料标准成本} = \sum(\text{直接材料标准耗用量} \times \text{直接材料标准价格})$$

2. 直接人工标准成本

制定直接人工标准成本要考虑的两个因素是直接人工数量标准与直接人工价格（工

资率)标准。

(1)直接人工数量标准。直接人工数量标准是指正常生产条件下单位产品所需的标准工作时间,包括工艺过程的时间与必要的间隔或停工时间及不可避免的废品损失时间。

(2)直接人工价格(工资率)标准。直接人工价格标准是指标准工资率。它可以是预定的工资率,也可以是正常的工资率。如果采用计件工资制,标准工资率是预定的每件产品支付的工资除以标准工时,或者是预定的小时工资。如果采用月工资制,需要根据月工资总额和可用工时总量来计算标准工资率。

直接人工标准成本计算公式如下:

某产品直接人工标准成本 = 直接人工标准数量 × 直接人工标准价格

3. 制造费用标准成本

制造费用标准成本的制定也需要考虑数量标准与费用率标准两个因素。

(1)制造费用的数量标准。制造费用的数量标准是指正常生产条件下生产单位产品所需的标准工作时间。

(2)制造费用的费用率标准。制造费用的费用率标准是指每标准工时所负担的制造费用。由于制造费用可分为变动性制造费用和固定性制造费用,因此制造费用标准成本也应分为变动性制造费用标准成本和固定性制造费用标准成本两部分。

费用率标准的计算公式如下:

固定性制造费用标准分配率 = 固定性制造费用预算 ÷ 标准总工时

变动性制造费用标准分配率 = 变动性制造费用预算 ÷ 标准总工时

固定性制造费用标准成本 = 某单位产品标准工时 × 固定性制造费用标准分配率

变动性制造费用标准成本 = 某单位产品标准工时 × 变动性制造费用标准分配率

4. 单位产品标准成本

单位产品的标准成本是根据直接材料标准成本、直接人工标准成本和制造费用标准成本汇总计算求得。

5.4.4 成本差异的计算分析

标准成本制度下成本的过程控制是通过差异分析来进行的。产品的标准成本是由各个成本项目组成的,所以其差异也应该按各成本项目分别披露。如果实际成本超过标准成本,所形成的差异称为不利差异;反之,如果实际成本低于标准成本,所形成的差异称为有利成本。

由于标准成本是分别按直接材料、直接人工和制造费用制定的,所以成本差异分析也应从这三个方面进行。

5.4.4.1 直接材料成本差异

直接材料成本差异,是指产品直接材料的实际成本与标准成本之间的差异。它包括材料价格差异和材料用量差异两部分。前者由材料实际价格与标准价格不同引起;后者由材料实际耗用量与标准耗用量不同引起。材料价格差异和材料用量差异的计算公式如下:

材料价格差异 = (实际单价 × 实际用量) − (标准单价 × 实际用量)

= (实际单价 − 标准单价) × 实际用量

$$材料用量差异=(实际用量\times 标准单价)-(标准用量\times 标准单价)$$
$$=(实际用量-标准用量)\times 标准单价$$

计算结果正数为超支，负数为节约。

影响材料数量差异的因素是多方面的，包括材料耗用中的浪费、节约和产品结构的变化、材料加工方法改变、材料质量改变及材料代用等原因所造成的超支、节约数，因此材料数量差异控制的重点是材料领用环节。影响材料价格差异的原因，除价格调整所造成的外，大多是由于采购工作的质量造成的，如采购地点和数量是否恰当、运输方法和途径是否合理等，因此材料价格差异控制的重点是材料采购环节。

5.4.4.2　直接人工差异

直接人工差异是指生产工人工资的实际发生额与按实际产量和标准工资率计算的工资额之间的差额，它包括工资率差异和人工效率差异两部分。前者由生产工人的实际工资率与标准工资率之间的差异引起，后者由产品实际耗用工时与标准耗用工时之间的差异引起。工资率差异和人工效率差异的计算公式如下：

$$工资率差异=(实际工时\times 实际工资率)-(实际工时\times 标准工资率)$$
$$=(实际工资率-标准工资率)\times 实际工时$$
$$人工效率差异=(实际工时\times 标准工资率)-(标准工时\times 标准工资率)$$
$$=(实际工时-标准工时)\times 标准工资率$$

计算结果正数为超支，负数为节约。

影响人工效率差异的原因有多方面，可能是工人个人方面的，也可能是管理当局计划不周造成的，如工厂流水线的安排、生产设备或控制标准的变动等。影响工资率差异的原因主要有生产人员的人数变动、非生产工时损失（如开会、停工待料时间）等，因为实际工资率是实际总工资除以实际有效总工时求得。因此，在计件工资形式下，直接人工差异控制点主要是各种津贴和补加工资；在计时工资形式下，人工效率差异的控制点在每项加工任务完成时。工资率差异的控制点在职工的人数和劳动生产率等。

5.4.4.3　变动制造费用差异

变动制造费用是指与直接成本成正比例增减变动的制造费用，变动制造费用的标准经常用每生产活动单位的分配率来表示。变动制造费用差异包括变动制造费用耗用差异和变动制造费用效率差异两部分。前者是指变动制造费用实际分配率与标准分配率之间的差异；后者是指实际耗用工时与按实际产量计算的标准工时之间的差异。变动制造费用耗用差异和变动制造费用效率差异计算公式如下：

$$\begin{matrix}变动制造费用\\耗用差异\end{matrix}=\left(\begin{matrix}实际\\工时\end{matrix}\times\begin{matrix}变动制造费用\\实际分配率\end{matrix}\right)-\left(\begin{matrix}实际\\工时\end{matrix}\times\begin{matrix}变动制造费用\\标准分配率\end{matrix}\right)$$
$$=\left(\begin{matrix}变动制造费用\\实际分配率\end{matrix}-\begin{matrix}变动制造费用\\标准分配率\end{matrix}\right)\times\begin{matrix}实际\\工时\end{matrix}$$
$$\begin{matrix}变动制造费用\\效率差异\end{matrix}=\left(\begin{matrix}实际耗\\用工时\end{matrix}\times\begin{matrix}变动制造费用\\标准分配率\end{matrix}\right)-\left(\begin{matrix}按实际产量计\\算的标准工时\end{matrix}\times\begin{matrix}变动制造费用\\标准分配率\end{matrix}\right)$$
$$=\left(\begin{matrix}实际耗\\用工时\end{matrix}-\begin{matrix}按实际产量计\\算的标准工时\end{matrix}\right)\times\begin{matrix}变动制造费用\\标准分配率\end{matrix}$$

计算结果正数为超支,负数为节约。

由于标准变动制造费用是按照标准工时(或定额工时)分配的,如果人工成本发生效率差异,变动制造费用也相应地发生效率差异。变动制造费用的耗用差异是指标准费用分配率与实际费用分配率之间的差异,它既受到这些费用耗用的节约或超支的影响,也受到非生产工时多少的影响。

5.4.4.4 固定制造费用差异

由于企业的固定制造费用是指在较长时期内在产量的相关范围内保持不变的费用。固定制造费用差异是实际固定制造费用与实际产量标准固定制造费用的差异。其计算公式如下:

$$\text{固定制造费用差异}=\text{实际固定制造费用}-\text{实际产量标准固定制造费用}$$

$$=\begin{matrix}\text{实际固定}\\\text{制造费用}\end{matrix}-\begin{matrix}\text{实际}\\\text{产量}\end{matrix}\times\begin{matrix}\text{工时}\\\text{标准}\end{matrix}\times\begin{matrix}\text{标准费用}\\\text{分配率}\end{matrix}$$

$$=\begin{matrix}\text{实际固定}\\\text{制造费用}\end{matrix}-\begin{matrix}\text{实际产量}\\\text{标准工时}\end{matrix}\times\begin{matrix}\text{固定制造费用}\\\text{标准分配率}\end{matrix}$$

式中的固定制造费用差异是在实际产量基础上算出的。由于固定制造费用相对固定,一般不受产量的影响,因此,产量变动会对单位产品成本中的固定制造费用发生影响:产量增加时,单位产品应负担的固定制造费用会减少;产量减少时,单位产品应负担的固定制造费用会增加。这就是说,实际产量与计划产量的差异会对产品应负担的固定制造费用发生影响。正因如此,固定制造费用差异的分析方法与其他费用差异的分析方法有所不同,通常有两种方法:一种是两差异分析法,另一种是三差异分析法。

1. 两差异分析法

两差异分析法是将固定制造费用差异分为固定制造费用预算差异和固定制造费用产量差异两部分。前者指固定制造费用实际发生数和预算数之间的差异;后者是指在固定制造费用预算不变的情况下,由实际产量和计划产量不同引起的差异。固定制造费用预算差异和固定制造费用产量差异的计算公式如下:

$$\text{固定制造费用预算差异}=\text{固定制造费用实际数}-\text{固定制造费用预算}$$

$$\begin{matrix}\text{固定制造费用}\\\text{产量差异}\end{matrix}=\text{固定制造费用预算}-\left(\begin{matrix}\text{实际产量}\\\text{标准工时}\end{matrix}\times\begin{matrix}\text{固定制造费用}\\\text{标准分配率}\end{matrix}\right)$$

固定制造费用的预算差异同材料的价格差异、人工的工资率差异和变动制造费用的耗用差异相类似,由其实际分配率与预算数或预计数偏离引起,因而这个差异常常被称为耗用差异。而固定制造费用产量差异仅仅是为成本计算之用,并不意味着真正的节约或浪费。

两差异分析法比较简单,但其分析结果并没有反映和分析生产效率对固定制造费用差异的影响。在计算产量差异时,使用的都是标准工时,如果实际产量标准工时与计划产量标准工时一致,则产量差异为零。但是,实际产量的实际工时可能与其标准工时存在差异,而生产能力的实际利用情况更取决于实际工时而非标准工时。实际工时与标准工时之间的差异,属于效率高低的问题。因此,固定制造费用差异分析更多地采用将产量差异划分为能力差异和效率差异的三差异分析法。

2. 三差异分析法

三差异分析法是将固定制造费用差异分为固定制造费用预算差异、固定制造费用能力差异和固定制造费用效率差异三部分。其中,固定制造费用预算差异与两差异分析法相同;固定制造费用能力差异是指实际产量的实际工时脱离计划产量的标准工时而引起的生产能量利用程度差异而导致的成本差异;固定制造费用效率差异是指生产效率差异导致的实际工时脱离标准工时而产生的成本差异。固定制造费用预算差异、固定制造费用能力差异与固定制造费用效率差异的计算公式如下:

$$\text{固定制造费用预算差异} = \text{固定制造费用实际数} - \text{固定制造费用预算}$$

$$\begin{matrix}\text{固定制造费用}\\\text{能力差异}\end{matrix} = \left(\begin{matrix}\text{计划产量}\\\text{标准工时}\end{matrix} - \begin{matrix}\text{实际产量}\\\text{标准工时}\end{matrix}\right) \times \begin{matrix}\text{固定制造费用}\\\text{标准分配率}\end{matrix}$$

$$\begin{matrix}\text{固定制造费用}\\\text{效率差异}\end{matrix} = \left(\begin{matrix}\text{实际产量}\\\text{实际工时}\end{matrix} - \begin{matrix}\text{实际产量}\\\text{标准工时}\end{matrix}\right) \times \begin{matrix}\text{固定制造费用}\\\text{标准分配率}\end{matrix}$$

计算结果正数为超支,负数为节约。

三差异分析法的能力差异与效率差异之和,等于两差异分析法的产量差异。采用三差异分析法,能够更好地说明生产能力利用程度和生产效率高低所导致的成本差异情况,并且有利于分清责任:能力差异的责任一般在于管理部门,而效率差异的责任则往往在于生产部门。

上述成本差异计算完成后应进行汇总,先分别编制直接材料差异汇总表、直接人工差异汇总表、变动制造费用差异汇总表及固定制造费用差异汇总表,然后,汇总成为成本差异汇总表,据以进行总分类核算。

按照计算出来的差异,要进行差异分析。差异分析一般限于重大差异。差异的重要性取决于差异的数额和差异出现的频率。与标准成本相比,差异的数额越大,或者差异重复出现的次数越多,则该差异就越重要。管理部门应采用"例外管理"的原则,即突出重要差异,略去微不足道的差异,通过分析那些特殊的差异,确定原因,从而作出对将来有影响的各种改进性的决定。通过差异分析,真正发挥成本控制的作用。

5.4.5 成本差异的处理程序

针对成本差异发生的原因,查明责任者,分别情况,按照轻重缓急,提出改进措施。对重大差异项目的纠正,一般采用如下程序:

(1)提出课题。从各种成本超支的原因中提出降低成本的课题。这些课题首先应当是那些成本降低潜力大、各方关心、可能实行的项目。提出课题的要求,包括课题的目的、内容、理由、根据和预期达到的经济效益。

(2)讨论和决策。课题选定以后,应发动有关部门和人员进行广泛的研究和讨论。对重大课题,可能要提出多种解决方案,然后进行各种方案的对比分析,从中选出最优方案。

(3)贯彻执行确定的方案。确定方案实施的方法步骤及负责执行的部门和人员。在执行过程中也要及时加以监督检查。方案实现以后,还要检查方案实现后的经济效益,衡量是否达到了预期的目标。

5.4.6 标准成本系统的账务处理特点

标准成本系统的账务处理具有以下特点。

5.4.6.1 “原材料”、“生产成本”和“产成品”账户登记标准成本

无论是借方和贷方均登记实际数量的标准成本，其余额亦反映这些资产的标准成本。

5.4.6.2 设置成本差异账户分别记录各种成本差异

在需要登记“原材料”、“生产成本”和“产成品”账户时，应将实际成本分离为标准成本和有关的成本差异，标准成本数据记入“原材料”、“生产成本”和“产成品”账户，而有关的差异分别记入各成本差异账户。

各成本差异账户借方登记超支差异，贷方登记节约差异。

5.4.6.3 各会计期末对成本差异进行处理

在标准成本制度下，由于在产品成本与完工产品成本均是按标准成本进行核算的，故成本差异还需要按各因素差异分别设置账户单独反映。各因素差异账户一般按差异名称设置差异账户。如：“材料价格差异”账户、“材料数量差异”账户、“人工效率差异”账户、“工资率差异”账户、“变动性制造费用效率差异”账户、“变动性制造费用耗用差异”账户等。这些账户的借方登记超支差异，贷方登记节约差异。月末编制“成本差异汇总表”，将各种差异超支和节约轧抵后的净额列入本月份收益表内，为销售成本的调整项目。若差异额较大，或库存产品较多时，也可将差异在完工产品和在产品之间进行分配。

各成本差异账户的累计发生额，反映了本期成本控制的业绩。在月末（或年末）对成本差异的处理方法有两种：

（1）结转本期损益法。按照这种方法，在会计期末将所有差异转入“利润”账户，或者先将差异转入“主营业务成本”账户，再随同已销产品的标准成本一起转至“利润”账户。

采用这种方法的依据是确信标准成本是真正的正常成本，成本差异是不正常的低效率和浪费造成的，应当直接体现在本期损益之中，使利润能体现本期工作成绩的好坏。此外，这种方法的账务处理比较简便。但是，如果差异数额较大或者标准成本制定得不符合实际的正常水平，则不仅使存货成本严重脱离实际成本，而且会歪曲本期经营成果。因此，在成本差异数额不大时采用此种方法为宜。

（2）调整销货成本与存货法。按照这种方法，在会计期末将成本差异按比例分配至已销产品成本和存货成本。

采用这种方法的依据是税法和会计制度均要求以实际成本反映存货成本和销货成本。本期发生的成本差异，应由存货和销货成本共同负担。当然，这种做法会增加一些计算分配的工作量。此外，有些费用计入存货成本不一定合理，例如闲置能量差异是一种损失，并不能在未来换取收益，作为资产计入存货成本明显不合理，不如作为期间费用在当期参加损益汇总。

成本差异的处理方法选择要考虑许多因素，包括差异的类型（材料、人工，或制造费用）、差异的大小、差异的原因、差异的时间（如季节性变动引起的非常性差异）等。因此，可以对各种成本差异采用不同的处理方法，如材料价格差异多采用调整销货成本与存货法，闲置能量差异多采用结转本期损益法，其他差异则可因企业具体情况而定。值得强调的是，差异处理的方法要保持历史的一致性，以便使成本数据保持可比性，并防止信息使用人发生误解。

第 6 章　煤炭企业采购成本控制

6.1　煤炭企业采购成本的构成

煤炭企业采购成本是指煤炭企业为生产经营发展需要,组织相关人员开展采购活动而发生的各项费用,具体包括订购成本、维持成本、缺料(或缺货)成本。

6.1.1　订购成本

订购成本是指企业为了完成某次采购而进行的各种活动的费用。具体包括请购手续费、采购询议价费用、采购验收费用、采购入库费用和其他订购成本。

6.1.2　维持成本

维持成本是指为保有物料或货物而开展一系列活动所发生的费用。包括存货资金成本、仓储保管费用、装卸搬运费、存货变质陈腐成本、其他维持成本等。

6.1.3　缺料(或缺货)成本

缺料(或缺货)成本是指因采购不及时而造成物料或货物供应中断所引起的损失。包括停工待料损失、延迟发货损失、丧失销售机会损失及安全库存与成本、延期交货及损失、失销损失和失去客户的损失等。

6.2　煤炭企业采购成本控制方法

煤炭企业采购成本控制主要有以下方法。

6.2.1　授权审批控制法

(1)企业应建立请购授权审批制度,明确审批人对采购作业的授权批准方式、权限、程序和责任等。

(2)建立明确、合理的请购审批流程。

生产或使用部门根据生产计划及工作需求向仓储部门发送“物品需求单”,该单上需注明使用部门、物品名称、规格、数量、要求到货日期及用途等内容。

仓储部门根据物品需求情况和仓库存货情况,填具存货量,汇总物品需求信息,将“物品需求单”传递给采购部门。

采购专员收到仓储部门送来的“物品需求单”后,填制“采购申请表”,该表一式四联,一联采购部门留存,二联返还使用部门,三联返还仓储部门,四联送财务部门审核。“采购申请表”内容包括使用部门、物品名称、规格、数量、要求、价格、到货日期及用途等，同时制定“采购预算表”，报采购部经理审批。

采购部经理收到“采购申请表”和“采购预算表”后，审核采购是否在计划内，若符合计划，则审批签字后由采购专员转交财务部审查，否则报企业主管副总审批。

财务部审查“采购申请表”和“采购预算表”，检查是否在预算内。若在预算内，则由财务部经理审批签字后，交采购专员办理物品采购；若在预算外，则报企业副总审批。

计划内采购金额大于1万元的采购项目与任何金额的计划外采购项目均需经主管副总经理审批签字后方可办理采购业务。

重要物品的请购应当经过使用部门、技术部门和采购部门等相关人员决策论证后，报企业总经理审批。

对于紧急需求的特殊请购需制定特殊审批程序。因特殊原因需取消请购申请时，使用部门应通知采购部门停止采购，采购部门应在“采购申请表”上加盖“撤销”印章，并退回给使用部门。

总之，企业所有的采购报价、采购合同签订、采购办理活动都应当在授权范围内经审批后方能进行。对突发性或临时性急需物品可以先采购，再办理请购报批手续。采购中要求做到五公开、三必须：采购物品的品种公开、采购物品的数量公开、采购物品的质量指标公开、参与供货的供应商价格竞争程序公开、采购完成后的结果公开，必须货比三家后采购、必须按程序采购、必须按法律法规要求签订采购合同。

6.2.2 不相容岗位相互分离控制法

采购中不相容岗位应相互分离，不相容岗位相互分离控制法的内容包括：

（1）采购执行人与采购合同审批人分离；

（2）采购执行人与物品验收入库人分离；

（3）采购执行人与付款审批人分离；

（4）采购人、保管人、付款人与记账人分离；

（5）物品保管人与账簿登记人分离。

不相容岗位相互分离控制法的要求：①三权分离。市场采购权、价格控制权、质量验收权三权分离，各自负责，互不越位。②三不准。物品检验管理人员、质量检验和数量验收人员、财务人员不准与供应商见面。③一分开。各种物品的采购成本要分开控制。

6.2.3 采购方式控制法

采购方式也是影响订购成本的因素之一，不同的物品可采取不同的采购方式。具体采购方式的选择标准如表6-1所示。

6.2.4 采购过程控制法

采购过程中发生的估价、供应商选择、议价比价等相关活动直接影响着采购人工费用、管理费用、差旅费和电话费等订购成本，企业须对这些活动进行有效的控制，优化采购流程。

建立并优化采购流程。采购专员在完成请购审批手续后开始执行采购作业，其流程如下：

(1)采购专员根据此次的采购计划，选择合适的采购方式。

(2)采购专员从供应商档案库中选择几家比较合适的供应商进行询价，与供应商围绕采购物品的价格进行初步谈判，确定候选供应商名单（三个左右），并将谈判结果填入“采购申请表”报给采购部经理。

表6-1　采购方式分类

采购方式	实施要点	适用范围
招标采购	1. 详列所有条件 2. 发布广告 3. 厂商投标 4. 供应商相互比价 5. 选择供应商	大宗物品的采购，如大宗设备等
议价采购	1. 选择几家供应商询价 2. 比价、议价 3. 选择供应商	一般物品的采购。企业普遍采用的采购方式
定价采购	定价现款采购	购买数量巨大，非几家厂商所能全部提供的物品
公开市场采购	在公开交易场合或拍卖会上采购	大宗物品采购

(3)采购部经理根据采购计划审核“采购申请表”。

(4)计划外采购项目和重要采购项目的初次谈判结果须经财务部经理审批，其审批依据包括采购计划、采购预算和已制定的采购底价等。

(5)经审批通过后，采购专员与候选供应商做进一步洽谈，洽谈的内容主要是采购价格和相关条件，如交货期、付款方式、配送方式等。

(6)采购专员根据洽谈结果进行对比，选择适合此次采购计划和企业实际情况的供应商，将结果填入“采购申请表”并编制“采购作业报告”，上报采购部经理。

(7)对于企业重要项目的采购，采购部经理需会同其他相关部门对采购价格进行审议。

(8)价格审议后，采购专员与供应商拟订《采购合同》，报采购部经理、财务部经理和企业副总审批。

(9)审批通过后，采购部与供应商签订正式的《采购合同》并上报，按照《采购合同》的约定条款办理采购手续。

(10)采购部会同仓储部与质量管理部对抵达仓库的物品进行验收并入库。因配送错误或质量问题造成物品无法入库的，采购专员须及时与供应商联系协商解决办法，同时上报相关领导，按领导的指示处理。

(11)财务部根据《采购合同》付款和会计核算,处理相关账务。

(12)《采购合同》及时归于档案库,采购部、财务部保留《采购合同》副本。

6.2.5 供应商选择控制法

6.2.5.1 建立并完善供应商档案

(1)企业应建立采购供应商档案,档案的内容包括供应商编号、详细联系方式、地址、付款条件、交货条款、交货期限、品质评级、银行账号等,每一个供应商档案须经严格的审核后才能归档。

(2)采购部经理指定专人管理供应商档案,并定期或不定期对其进行更新,保证档案的时效性。

(3)采购专员必须在已归档的供应商档案中选择供应商。

6.2.5.2 建立供应商准入制度

(1)企业须制定严格的供应商考核制度和指标,按考核流程对其进行评估,合格者才能归档。

(2)企业重要物品的采购供应商须经过质检部门、生产部门、财务部门联合考核后才能进入供应商档案。如有可能,相关人员须到供应商生产地进行实地考核。

6.2.6 采购价格确定控制法

6.2.6.1 建立并更新价格档案

(1)采购部必须对所有采购物品建立价格档案,每一批采购物品的报价应首先与归档价格进行比较,分析价格差异的原因。如无特殊原因,原则上采购的价格不能超过档案中的价格水平,否则须做出详细的说明。

(2)采购部经理需指定专人负责建立与维护价格档案,并根据市场情况及时更新物品价格。相关人员在更新物品价格时,须注明原因并附上相关证明。

6.2.6.2 建立价格评价体系

(1)企业对重要物品的价格建立价格评价体系,由企业财务部、采购部、生产部、质检部等相关部门人员组成价格评价小组,每季度收集有关价格信息,分析评价现有的价格水平,并对归档的重要物品价格档案进行评价与更新。

(2)价格评价小组不定期检查价格档案,审查各物品价格的更新情况,督促相关人员完善价格档案。

(3)建立物品的标准采购价格。财务部根据市场的变化和产品标准成本定期对重要物品制定出标准的采购价格,督促采购人员积极采购,不断降低采购价格。

6.2.7 运输成本控制法

运输成本主要包括人工费用(如运输人员工资、福利、奖金、津贴和补贴等)、营运费用(如营运车辆燃料税费、折旧费、维修费、保险费等)和其他费用(如差旅费、事故损失、相关税金等)。运输成本受到以下因素的影响:运输距离、载货量、货物的疏密度、装载能力、运输过程中所承担的附带责任、运输供需因素等。

(1)合理选择运输方式。企业应根据运输货物的种类、数量、运输距离和运输时间等合理选择运输方式,以降低运输成本。

(2)提高车辆利用率。为提高车辆利用率,企业应使用GPS技术,对车辆进行动态跟踪,通过发送调度命令,对回程车辆或紧急业务进行合理配载,减少车辆空驶里程。

(3)优化运输路线。物流人员应选择最优的运输路线,减少运输成本。

(4)减少运输事故损失。在运输过程中,因出现事故而发生货损、货差或人员伤亡时会增加运输成本。

6.2.8 入库过程控制法

物品到库后,搬运所花费的费用和检验人员的人工费用、检验仪表仪器费用等均属于订购成本。企业须制定详细的“入库验收流程”和“入库检验规范”,提高验收人员的效率和物品入库的速度。

6.2.9 费用报销控制法

采购专员在采购过程中发生的差旅费、通信费等均属于订购成本,其报销控制审批流程如下:

(1)采购专员须填制“费用报销单”,连同相关的费用凭证一起上交采购部经理审批。

(2)采购专员将采购经理签字后的“费用报销单”与费用凭证交到财务部会计处审核。

(3)财务会计根据采购专员上交的资料,审查报销金额,按照财务部制定的“费用报销管理规定”办理报销手续,登记相关台账。如费用较高,须报财务部经理审批后办理报销手续。

(4)财务部出纳向采购专员发放报销费用。

6.2.10 实物流转与保管控制法

存货验收入库后,应及时制定和贯彻执行存货盘存控制制度,发出存货审批控制制度、存货安全保障措施、存货定期检查制度、存货定期清查制度等,以保证存货实物流转安全。

第7章　煤炭企业生产成本控制

煤炭企业以原煤生产为例,生产环节主要包括采煤、掘进、开拓等直接生产环节和提升、运输、排水、通风、供电等辅助生产环节。其中,直接生产环节的成本在原煤生产成本中只占40%左右,辅助生产环节却占原煤生产成本的很大比例。因此,生产成本控制,要对直接生产和辅助生产全过程的环节进行控制,才能实现原煤生产成本优化。

7.1　煤炭生产成本控制的基本程序

原煤生产成本控制,就是煤炭企业在原煤的生产过程中,对成本形成的各项因素,按照事先拟定的标准严格加以监督,发现偏差就及时采取措施加以纠正,从而使生产过程中各项资源的消耗和费用开支限制在标准规定的范围之内。企业在进行生产成本控制时,可以按照以下程序操作。

7.1.1　制定成本标准

成本标准是成本控制的准绳。成本标准,首先包括成本计划中规定的各项指标。但成本计划中的一些指标都比较综合,还不能满足具体控制的要求,这就要求企业必须制定一系列具体的标准。制定这些标准的方法,主要有以下三种:

(1)计划指标分解法。将大指标分解为小指标。分解时,可以按单位、部门分解,也可以按不同产品和各种产品的工艺阶段或零部件进行分解,若更细致一点,还可以按工序进行分解。

(2)预算法。用制定预算的办法来制定控制标准。企业可以根据季度的生产销售计划来制定较短期的(如月份的)费用开支预算,并把它作为成本控制的标准。采用这种方法特别要注意从实际出发来制定预算,并自下而上地层层制定。

(3)定额法。建立起定额和费用开支限额,并将这些定额和限额作为控制标准来进行控制。对企业来讲,在生产过程中,凡是能建立定额的地方,都应把定额建立起来,如材料消耗定额、工时定额等。实行定额控制的办法有利于控制的具体化和经常化。

企业在采用上述方法确定成本控制标准时,一定要进行充分的调查研究和科学计算。同时还要考虑成本指标与其他技术经济指标的关系(如和质量、生产效率等的关系),从完成企业的总体目标出发,经过综合平衡,防止片面性。必要时,企业还应搞多种方案择优选用。

7.1.2　监督成本的形成

监督成本的形成是指企业根据控制标准,对成本形成的各个项目经常进行检查、评比和监督。不仅要检查指标本身的执行情况,而且要检查和监督影响指标的各项条件,如设备、工艺、工具、工人技术水平、工作环境等。所以,成本的日常控制要与生产作业计划及控制等结合起来进行。

7.1.3　及时纠正偏差

针对成本差异发生的原因,企业要查明责任者,分别情况,按照轻重缓急提出改进措施加以贯彻执行。对重大差异项目的纠正,一般采用下列程序:

(1)提出课题。从各种成本超支的原因中提出降低成本的课题。这些课题首先应当是那些引进成本降低潜力大、各方关心、可能实行的项目。提出课题的要求,包括课题的目的、内容、理由、根据和预期达到的经济效益。

(2)讨论和决策。课题选定以后,企业应发动有关部门和人员进行广泛的研究和讨论。对重大课题可能要提出多种解决方案,然后进行各种方案的对比分析,从中选出最优方案。

(3)确定方案实施的方法、步骤及负责执行的具体部门和人员。

(4)贯彻执行确定的方案。在执行过程中要及时加以监督检查;方案实现以后,还要检查方案实现后的经济效益,衡量是否达到了预期目的。

7.2　煤炭企业生产成本控制

煤炭企业原煤生产成本控制主要包括以下方面的控制。

7.2.1　掘进成本控制

矿井开拓掘进是实施矿井生产的先决条件,离开开拓掘进采煤就无从谈起。采掘并举、掘进先行、以采促掘、以掘保采,所以煤矿的开拓掘进的重要地位是不容忽视的。重视开拓掘进工作的同时,必须要重视开拓掘进成本控制。要降低开掘成本必须要优化开掘巷道设计,从巷道设计总体而言要做到:①降低万吨掘进率。万吨掘进率是指生产出原煤一万吨所需要掘进的巷道,是衡量煤矿采场设计、巷道布置是否先进科学合理的重要依据;在煤层生产能力一定的情况下,煤矿的万吨掘进率越低,其设计越接近优化科学。②在岩性的选择上要坚持能打煤巷不打半煤岩巷,能打半煤岩巷不打全岩巷。在支护上坚持能锚喷支护的,不进行棚支护;能金属支护的不进行坑木支护。③要不断创新技术,实现施工高效、低耗,从而降低开掘成本。

7.2.2　采煤工作面成本控制

采煤工作面成本管理是矿井总成本管理的重点,工作面实现高产、高效是降低采煤成本的最有效措施,要实现采煤工作面高产、高效必须要做到:①提高机械化程度。生产工具是实现工作面高产、高效的基本条件,必须要选择性能好的、效率高的采煤机械和支护材料及运输设备,并使设备能力相互配套,以此提高采煤机械化程度。②建立和完善与工作面能力匹配的外部运输系统。工作面生产是连续的,要在采区设立与采区内工作面生产能力相适应的采煤煤仓,保证运输通道通畅,否则,矿井生产就会受到影响。③培育创新性技术熟练的采煤工人。人是生产力中最活跃的要素，业务熟练的工人能够更好地使用机械，能够及时地排除事故，争取有效时间，提高劳动生产率和原煤产量，降低采煤工作面的吨煤成本。

7.2.3　原材料及辅助材料成本控制

煤炭企业材料消耗主要包括原料及主要材料、辅助材料、备品备件、外购半成品、包装物以及专用工具。原料及主要材料是指经过加工以后能构成产品主要实体的各种原料和材料；辅助材料是指直接用于生产、有助于产品的形成，或者为产品生产创造正常的劳动条件，但不构成产品主要实体的各种材料。其中，有的被劳动工具所消耗，如维护机器设备用的润滑油、防锈剂等；有的和原料及主要材料相结合，使原料及主要材料发生变化或给予产品某些性能，如洗煤用的煤油、起泡剂等；有的用于创造正常的劳动条件，如煤矿用的坑木、金属支架等备品备件。备品备件是指用于修理本企业的机器设备和运输设备等所专用的各种零件、备件和配件，如齿轮、轴承等；外购半成品是指从外部购入经过加工和装配，构成产品主要实体的半成品及配套件。按其用途而言，基本上同于原料及主要材料，因此在其数量不大的情况下，可列作原料及主要材料。包装物是指为了包装本企业生产的产品，并准备随同产品一起出售的，或者租借给购货单位使用的各种包装物品，如木箱、纸箱、铁桶以及瓶、坛、罐等。专用工具是指煤矿专用小型设备和工具如风镐、电风钻、7.5 kW 及以下的水泵、200 A 及以下的低压防爆开关、7.5 kW 及以下的电动机、10 kVA 及以下的变压器、局扇、矿灯、矿车、自救器、综合保护器、瓦斯检定器等，由于使用年限短、数量多、流动性大、更换频繁，不作固定资产核算，而作材料核算。

7.2.4　燃料及动力成本控制

燃料及动力是煤炭生产成本一项重要的支出。完善电力成本控制措施，有助于降低煤炭企业生产成本。具体要求做到：①结合生产实际合理调整生产班次，做好削峰填谷工作，将机电设备日常检修安排在尖峰期，主扇倒台、水泵等大型设备启动运行安排在低谷期。②优化采区运输系统，及时调整生产负荷，避免“大马拉小车”现象。③安装分时计价电表，提高用电单位自主节电意识。④每月进行不少于两次的用电检查。⑤每月机电系统召开用电分析会，分析用电方面存在的问题，采取针对措施促进电费管理。

加强燃料及动力节约使用的考核与奖惩。节能降耗工作小组每半年统计、分析一次各级能耗单位消耗燃料、动力的情况，并将燃料、动力的消耗定额与实际消耗量进行比较，当发现实际消耗量高于或低于考核指标 $x\%$ 时，判定为“能源使用异常”。这时应组织调查原因，对异常情况进行分析，并采取相应的预防与纠正措施。行政部门根据节能降耗工作小组提交的“能源使用异常分析报告”，结合“经济责任书”中的能耗控制目标和考核办法实施考核。

对燃料及动力节约使用情况的奖惩。行政部门要根据考核结果和《经济责任书》中明确的奖惩措施，对各级能耗单位实施奖惩。①对严格贯彻节能降耗措施并取得一定经济成果的单位和个人，给予表彰奖励。②对现场管理不善、不按节能降耗规范操作的人员，给予惩罚。③根据本车间、本班组、本操作岗位的实际情况，提出节能降耗合理化提案的单位和个人,经推行后确实起到作用的,将在“先进采煤、掘进队”、“先进员工”的评选中给予加分奖励。

7.2.5　煤炭企业资源成本控制

通过提高资源回收率,可以降低煤炭资源成本。资源回收率是影响煤炭企业成本的重要因素之一。但资源回收率的提高要依赖于现代科学技术,同时也离不开经济手段。充分利用现代科学技术,通过改进生产工艺、合理布置开采区域,可以有效提高资源的回收率,虽然不断追加的科技投资会引起成本的上升,但由于资源回收率的提高,可以使吨煤负担的资源税费降低,从而降低企业成本;同时现代科学技术的普遍采用,还可以提高生产效率,也可以降低生产工具成本。

同时,煤炭企业作为煤炭资源税费的承担者,应该根据煤炭生产的实际,在努力降低成本费用的同时,积极呼吁合理的煤炭资源税费,以及合理开采资源的奖励。减轻煤炭企业税费负担,推动产业公平竞争。

7.2.6　直接人工成本控制

直接人工成本主要是指煤炭企业为获得职工为直接生产煤炭产品而提供的服务而给予职工的各种形式的报酬,包括煤炭企业为生产职工在职期间和离职后提供的全部货币性薪酬和非货币性福利,既包括提供给生产职工本人的薪酬,也包括提供给生产职工配偶、子女或其他被赡养人的福利等。主要包括生产人员的工资、奖金、津贴和补贴,职工福利费,职工医疗保险费、养老保险费、失业保险费、工伤保险费和生育保险费等社会保险费,住房公积金,工会经费和职工教育经费,非货币性福利,其他薪酬成本,比如解除与职工的劳动关系而给予的补偿,企业提供给职工以权益形式结算的认股权等。

煤炭企业应根据直接人工标准,从人员数量、产品工时消耗和工资水平三个方面控制人工成本的支出,以保证成本计划的实现。

(1)人员数量的控制措施:正确制定和执行编制定员。

(2)产品工时消耗的控制措施:采取技术组织措施,提高劳动生产率,降低单位产品工时消耗。

(3)工资水平的控制措施:严格执行人力资源和社会保障部关于职工工资、劳保福利费用的规定,认真控制本企业职工工资水平,正确计算职工工资,合理控制加班津贴的发放。

7.2.7　劳动保护费用控制

对于劳动保护费的开支,企业财务部门应按国家规定的开支标准执行,实行劳动保护费的定额控制。其重点是确定合理的劳动保护费的定额,其步骤如下:

(1)安全保护部门需于每年年初将上一年度劳动保护费开支项目及金额,列表呈报行政管理部门。

(2)行政管理部门根据安全保护部门呈报的往年开支项目及金额,结合国家规定的标准和本企业本年度的实际情况确定本年度劳动保护费的定额。

在确定定额时,需要注意以下事项:劳动保护用品的发放要视具体的工种确定,医疗保健费要按从事有害健康作业的人数确定,防暑降温费则应按本地区夏季实际的高温天数确定等。

(3)确定后的劳动保护费定额需报财务部门审核,经财务部经理确认符合国家规定和本公司的实际情况后,方可在公司范围内实施。

7.2.8　折旧费控制

折旧是指固定资产的使用寿命内,按照确定的方法对应计折旧额进行的系统分摊。应计折旧额,是指应当计提折旧的固定资产的原价扣除其预计净残值之后的余额。如果已对固定资产计提减值准备,还应扣除已计提的固定资产减值准备累计金额。

固定资产在使用过程中会不断发生磨损或损耗,其损耗价值要逐渐分摊到成本费用中去,以便从收入中得到补偿。为保证有能力重置固定资产,同时把固定资产的成本分配到各个受益期,实现收入与费用的正确匹配。在计算固定资产折旧额时,必须做好如下工作:

(1)合理估计固定资产的使用寿命,即企业使用固定资产的预计期间,或者该固定资产所能生产产品或提供劳务的数量。确定固定资产的使用寿命时,应当考虑下列因素:①该项资产预计生产能力或实物产量;②该项资产预计有形损耗;③该项资产预计无形损耗;④法律或者类似规定对该项资产使用的限制。

(2)合理估计预计净残值,即固定资产寿命终了时,从其处置中获得的扣除预计处置费用后的金额。

(3)正确确定固定资产的折旧范围。如对已提足折旧仍继续使用的固定资产不能再提折旧,对提前报废的固定资产不能补提折旧等。

(4)选择合理的折旧方法。根据固定资产经济利益的实现方式选择合理的折旧方法。

7.2.9　维简费控制

由于煤炭企业部分矿井、巷道使用年限无法准确确定,如采煤准备巷道,所通向的煤层一旦采完,即丧失了使用价值,这个时间又与煤层储量、开采量、采煤技术手段等直接相关,不确定性很强;井下生产设备因各个矿山地质情况不同,受矿井所处区块、地层的自然条件限制,侵蚀、损耗速度预测困难,使用年限不好确认统一;煤炭企业是劳动密集型而非技术密集型企业,过去井下生产长期以人工手段为主,大型综合采煤、采掘设备数量很少,设备价值不高,机械化程度较低,开采过程中还需要增加生产勘探和必要的开拓延伸费用,以弥补消失的部分生产能力,单纯依靠井巷建筑物和机械设备计提的折旧费难以及时补偿损耗,不足以维持简单再生产。这些原因使得煤炭企业需要通过计提维简费来满足深部开采固定资产投入而从成本中提取专门用于维持简单再生产和井下开拓延伸工程的资金。煤炭企业应按照规定的标准合理提取维简费,不得多提或者少提,对计提的维简费要按照规定的用途合理使用。

第 8 章　煤炭企业人力资源成本控制

煤炭企业人力资源成本是指煤炭企业为了取得、开发和使用人力资源而发生的各项支出,包括人力资源的取得成本、开发成本、使用成本和离职成本。对上述活动所发生的费用进行确认、计量、记录和报告等,从而形成了人力资源成本的主要内容。

煤炭企业应本着“多劳多得,效益优先,兼顾公平,一队一策”的原则,全面推行承包管理。对有量可计的采掘单位实行单项工程承包,即单位工资总额与采掘工作面吨煤(延米)工资单价、材料消耗、电费、煤质、工程质量等挂钩考核;对为采掘直接服务的单位,实行联产、联尺、联成本、联责的考核分配办法,并实行影响索赔制;对井下辅助单位不能联产联尺、无量可计的单位,逐步实行包岗制,淡化工资级别,原则上,增人不增资,减人不减资,并加大浮动分配比例;对部分地面单位实行完全成本核算;机关管理人员也打破级别,实行浮动分配;对其他地面单位将绩效工资与其职责挂钩考核。每月视产量成本完成情况确定绩效工资发放比例。

8.1　煤炭企业人力资源成本的构成

根据人员从进入煤炭企业到离开煤炭企业整个过程中所发生的人力资源工作事项,可将人力资源成本分为取得成本、开发成本、使用成本与离职成本四个方面。

8.1.1　取得成本

取得成本是指企业在招募和录取员工的过程中,发生在各个环节的费用,主要包括招聘成本、选择成本、录用成本和安置成本等。

(1)招聘成本,指为吸引和确定企业所需内外人力资源而发生的费用,主要包括招聘人员的直接劳动费用、直接业务费用(如招聘洽谈会议费、差旅费、代理费、广告费、宣传材料费、办公费、水电费等)和间接费用(如行政管理费、临时场地及设备使用费)等。招聘成本的高低与招聘方式、地点等有直接关系。若通过人才市场招聘一般需要费用较多,如果通过学校招聘应届毕业生,发生的费用较少。如果一次招聘人数多,相对于每一招聘来的人员费用就少,否则费用会增多。

(2)选择成本,指企业为选择合格的员工而发生的费用,包括在各个选拔环节(如初试、面试、心理测试、评价、体检等过程)中发生的一切与决定录取或不录取有关的费用。在这一过程中发生的各项费用应包括在选拔费用中。选拔费用的多少通常与所选人才从事的具体工作有直接关系,一般情况下,从企业内部选拔人才要比从外部招聘人才的费用低,选择技术人员的费用要比选择一般工人的费用高,选择高级管理人员的费用要比选择一般管理人员的费用高。

(3)录用成本,指企业为取得已确定聘任员工的合法使用权而发生的费用,包括录取手续费、调动补偿费、搬迁费、安家费等由录用引起的有关费用。一般情况下，录用高级人才的费用较高，有时需要给对方企业一定的补偿费用。录用人员的年龄也与费用的多少有关。

(4)安置成本，指企业将被录取的员工安排在某一岗位上的各种行政管理费用，包括录用部门为安置人员所损失的时间成本和录用部门安排人员的劳务费、咨询费以及为新招聘员工提供工作所需要的各种设备、办公用品、劳保用品等所发生的费用。

(5)适应环境成本，指新招聘人员录用后由于未能及时、全面从事新的工作所发生的一切费用及损失。如未能与客户及时联系所发生的损失费用，未能熟悉新的工作所发生的延时处理业务的损失、招聘新员工需要技术指导等。

8.1.2 开发成本

开发成本是指为提高员工的能力、工作效率及综合素质而发生的费用或付出的代价，主要包括岗前培训成本、岗位培训成本和脱产培训成本。

(1)岗前培训成本，岗前培训又称定向培训，指企业对上岗前的新员工在思想政治、企业历史、企业文化、规章制度、基本业务知识和基本业务技能、安全生产等方面进行培训所发生的费用，具体包括培训者与受培训者的工资、培训者与受培训者离岗的人工损失费用、培训管理费、资料费用和培训设备折旧费用等。岗前培训可以在企业内部进行，也可以委托社会培训机构进行培训，还可以委托其他企业单位代培。培训的内容有多有少，培训的时间可长可短。由于培训地点、内容和时间的不同，培训成本也不一样。通过岗前培训，可使员工迅速适应企业的环境和工作，具备上岗工作的各种知识和技能。如原煤生产企业的员工上岗前必须接受煤炭安全知识和相关技能的培训，取得下井证。为了控制培训成本，一般员工可在企业内部进行培训以节约开支。

(2)岗位培训成本，指企业为使员工达到岗位要求而对其进行培训所发生的费用，包括上岗培训成本和岗位再培训成本。包括培训费、培训消耗的材料费、培训资源费、被培训人员的工资福利费，以及在培训期间低于正常生产能力的机会成本。随着科学技术的进步与发展，企业要不断采用新工艺、增加新设备等，企业员工只有不断地培训学习、更新技术知识，才能适应经济技术发展的需要。在岗培训成本的高低与培训内容、培训时间、员工的素质、培训计划的制订等因素有关。

(3)脱产培训成本，指企业根据生产和工作的需要，允许员工脱离工作岗位接受短期(一年内)或长期(一年以上)培训而发生的成本，其目的是为企业培养高层次的管理人员或专门的技术人员。包括学费、教材费、住宿费、交通费、参观学习费、培训期间的工资福利费以及离岗损失等。脱产培训的时间有长有短，培训的方式可委托社会培训机构、高校教育机构进行培训，也可以由企业自己组织进行培训。

8.1.3 使用成本

使用成本是指企业在使用员工的过程中发生的费用，主要包括工资、奖金、津贴、补贴、社会保险费用、福利费用、劳动保护费用、住房费用、工会经费、存档费和残疾人保障金等。共有以下几种成本构成：

(1)维持成本,指企业保持人力资源的劳动力生产和再生产所需要的费用,主要指付给员工的劳动报酬,包括职工工资、津贴、各种福利、社会保险、住房公积金、职工教育经费、工会经费、年终分红等。

(2)奖励成本,指企业为了激励员工发挥更大的作用,而对其超额劳动或其他特别贡献所支付的奖金,包括各种超额奖励、创新奖励、建议奖励或其他表彰支出等。它是对人力资源主体所有能力超常发挥做出的补偿。

(3)调剂成本,指企业为了调剂员工的工作和生活节奏,使其消除疲劳、稳定员工队伍所支出的费用,包括员工疗养费用、文体活动费用、员工定期休假费用、节假日开支费用、改善企业工作环境的费用等。

(4)劳动事故保障成本,指员工因工受伤和因工患职业病的时候,企业应该给予员工的经济补偿费用,包括工伤和患职业病的员工工资、医药费、残废补贴、丧葬费、遗属补贴、缺勤损失、最终补贴等。该项费用的多少与企业安全生产等因素有重要关系。

(5)健康保障成本,指企业承担的因工作以外的原因(如疾病、伤害、生育等)引起员工健康欠佳不能坚持工作而需要给予的经济补偿费用,包括医药费、缺勤工资、产假工资和补贴等。

(6)退休保障成本,指企业支付给退休人员生活保障的各种费用。包括养老金、养老医疗保险、死亡丧葬补贴等。

(7)失业保障成本,指企业支付给失业人员的补偿费用,包括失业救济金等。

8.1.4 离职成本

离职成本是指企业在员工离职时可能支付给员工的离职津贴、一定时期的生活费、离职交通费等费用,主要包括解聘、辞退费用及因工作暂停而造成的空职损失及离职前低效损失等。按成本构成分为:

(1)离职补偿成本,指企业辞退员工或员工自动辞职时,企业所应补偿给员工的费用,包括该职工从提出离职时起至离职时止应付给员工的工资、一次性付给员工的离职金、必要的离职人员安置费用等支出。离职成本的高低,应视职工在企业工作时间的长短以及对企业的贡献大小而定。

(2)离职前低效成本,指员工即将离开企业时造成的工作或生产低效率损失的费用。由于职工在离职前要办理调离手续,职工离职前的工作积极性降低,离职职工所担任工作的效益下降,从而给企业造成一定的损失。

(3)空职成本,指员工离职后职位空缺的损失费用。某职位出现空缺后可能会使某项工作或任务的完成受到不良影响,从而造成企业的损失。包括由于某一职位空缺而使该工作岗位创造收益的减少,以及由于职位空缺对其他部门造成不良影响而使收益的减少。

8.2 人力资源成本的计量

人力资源成本的计量方法有原始成本法、重置成本法和机会成本法。

8.2.1　原始成本法

原始成本法是指企业在获取、开发和使用人力资源时,以所发生的各项支出作为人力资源的成本价值。

这一方法符合传统会计的核算原则和核算方法,提供的会计信息具有客观性并易于验证,但是随着时间的推移和经济环境的变化,可能使原始成本信息严重背离现实。例如以往,企业获得的优秀人才有些是通过组织上的人事调动的方法,因而投资较少;而现在,企业往往用高工资、高福利来招揽人才。这样,不同时期的人才资源取得成本就有较大的不同。此时的原始成本信息的相关性就较差。

8.2.2　重置成本法

重置成本法是指企业按照目前条件(包括现时物价和工作水平等),重新招聘企业现有职工业务水平的全体职工所需要的全部支出,作为人力资源的现时成本。

采用重置成本法计量人力资源成本,体现了在现有条件下现有人力资源成本的现实状态。它有助于人力资源使用者的管理决策,反映了人力资源实际成本的现时价值,有利于人力资源成本保全。其缺点是:估算主观性强,而且企业人员来自不同渠道,成才方式各异,其投入成本很难用一个社会公允的人员成本作为现时物价水平参数。其实即使勉强找到了参考标准也很难估算,从而使重置成本失去客观性。

8.2.3　机会成本法

机会成本法是指由于职工离职或离岗,使得该岗位空缺所造成的损失。机会成本法计算的是机会成本,包括遣散前业绩差别损失和遣散后空职损失。由于它不是企业的实际支出不能进入当期利润表,而只能作为企业人力资源管理者做出人力资源替代决策的参考。

鉴于目前的会计环境,人力资源成本的计量应以历史成本为原则,在历史成本资料无法取得时,可以采用重置成本法对现有人力资源进行估价,并以此作为人力资源的入账价值。

8.3　人力资源成本的核算

进行人力资源成本核算时,除现行会计体系中已有会计科目(如应付职工薪酬等)外,应增设如下账户进行核算:

(1)人力资产。资产类账户,用来核算企业拥有或控制的人力资源价值。该账户借方登记企业取得和开发人力资源而发生的各项成本,以及人力资源所有者将人力资源投入时所确认的价值;贷方登记人力资源退出企业时应减少的人力资源价值;余额在借方,表示已发生的人力资源成本和现有的人力资源价值。

(2)人力资源成本。成本类账户,用来核算人力资源取得及开发所支出的各项成本。借方登记取得和开发人力资源所发生的各项支出;贷方登记企业正式交付人力资源使用时形成的成本数额;余额一般在借方,表示尚未转入“人力资产”账户的人力资源成本。该科目下设“取得成本”、“开发成本”明细科目。分别核算取得或开发人力资源所发生的各项支出。

(3)人力资源摊销。它是“人力资产”的备抵调整账户,用于核算企业人力资源成本累计摊销额。该科目的借方登记退出企业的人力资源应转销的成本累计摊销额;贷方登记各期按照系统而合理的方法提取的人力资源的摊销额;余额在贷方,表示人力资源成本的累计摊销额。

(4)人力资产费用。费用类账户,用于核算企业当期应负担的人力资源费用。该科目借方登记当期摊销的人力资源成本;贷方登记期末转入“本年利润”科目的数额;期末结转后本科目应无余额。

(5)人力资源清理。资产类科目,用于核算职工退出企业时产生的损益。该科目借方登记转入清理的人力资源成本净额,以及清理过程中发生的各项离职成本和清理结束时应结转的清理净收益;贷方登记清理过程中取得的各项收入和清理结束时应结转的清理净损失;期末余额如在借方,反映正在清理的人力资源成本扣减收入后的净损失额;期末余额如在贷方,反映正在清理过程中发生的离职成本和获得的收入相抵后的净收益额。

(6)人力资源损失。损益类账户,用于核算由于企业职工辞职、工伤、死亡等原因离开岗位而造成的净损失。该科目借方登记由于上述原因应从“人力资产清理”科目转入的净损失;贷方登记期末转入“本年利润”科目的数额;期末结转后本科目应无余额。

(7)人力资源转让损益。损益类账户,用于核算职工因调动所发生的损失。该账户借方登记从“人力资源清理”科目转入的净损失或期末应转入“应付职工薪酬”科目的净收益;贷方登记从“人力资源清理”科目转入的净收益或期末应转入“应付职工薪酬”科目的净损失;期末结转后本科目应无余额。

8.4　人力资源成本管理

8.4.1　做好人力资源成本分析工作

人力资源成本分析的重点工作在于确定合适的分析指标,以全面分析人力资源成本的构成、数量与指标之间的关系。常见的人力资源成本分析指标主要包括人力资源成本总量分析指标、人力资源成本结构指标和人力资源成本分析比率型指标三个方面。

(1)人力资源成本总量分析指标。该指标可以用人均人力资源成本、全员劳动生产率等指标来反映。

(2)人力资源成本结构指标。该指标主要是指在一定时期内,人力资源成本某组成项目占人力资源成本总额的比例,计算公式如下:

$$\text{人力资源成本某组成项目所占比重} = \frac{\text{该时期该组成项目的数量}}{\text{同期人力资源成本数量}} \times 100\%$$

该指标可用来说明各组成部分在人工成本中的结构比例关系,企业可根据指标的变动,分析其中具体的结构性变动原因,并采取措施加以调整。

(3)人力资源成本分析比率型指标。该指标主要通过人力资源成本产出系数、人力资源成本销售收入系数、人力资源成本利润系数、劳动分配率、人事费用率、人力资源成本工资含量、成本费用总额中人力资源成本比重等指标来反映,具体如表 8-1 所示。

表 8-1 人力资源成本分析比率型指标一览表

指标名称	计算公式	用途
人力资源成本产出系数	$\frac{产值总额}{人力资源成本总额}$	反映人力资源成本投入产出效益状况
人力资源成本销售收入系数	$\frac{销售收入}{人力资源成本总额}$	反映人力资源成本投入产出效益状况
人力资源成本利润系数	$\frac{企业利润总额}{人力资源成本总额}$	反映企业经营状况的变动趋势
劳动分配率	$\frac{人力资源成本总额}{产值总额}\times 100\%$	表示在一定时期内新创造的价值中有多少用于支付人力资源成本,反映分配关系和人力资源成本要素的投入产出关系
人事费用率	$\frac{人力资源成本总额}{销售收入总额}\times 100\%$,其中,销售收入是指企业销售产品或提供劳务等取得的收入	反映劳动收入占实现价值形态的总产出程度,其倒数表明每投入一个单位的人工成本能够实现多少销售收入
人力资源成本工资含量	$\frac{员工工资总额}{人力资源成本总额}$	反映工资占人工成本的比重
成本费用总额中人力资源成本比重	$\frac{人力资源成本总额}{成本费用总额}\times 100\%$,其中,成本费用总额指企业产品制造成本、企业销售费用、管理费用、财务费用等费用之和	该指标是企业、行业间商业竞争的重要指标

8.4.2 确定合适的人力资源成本控制目标

随着企业的发展,人力资源成本必然会不断增长。所以,人力资源成本管理控制的目标决不是减少人力资源成本的绝对额,而是从投入产出的角度考虑一定量的人力资源成本投入所带来的效益,如人均人力资源成本增长时,人均产值或人均销售收入的增长幅度如何。

因此,应该根据本企业的特点,确定如下所列的人力资源成本控制目标。

(1)降低人力资源成本在总成本费用中的比重,增强产品的竞争能力。

(2)降低人力资源成本在销售收入中的比重,提高人力资源成本的支付能力。

(3)降低人力资源成本在总产值中的比重,增强人力资源的开发能力。

8.4.3　加强人力资源成本预算管理

人力资源成本管理小组应组织做好人力资源成本预算的编制与执行工作。

(1)人力资源成本预算的编制应以企业的财务预算年度作为人力资源成本的预算年度,以财务及其他专业的预算数据为依据,由人力资源部单独编制。

(2)在编制人力资源成本预算时,应根据国家有关方针、政策,按照各部门的计划、任务,根据上年实际发生情况,考虑本年特殊增减因素,本着节源增收、量入为出的原则,精打细算、科学合理安排各项资金,编制人力资源成本预算,不得编制赤字预算。

(3)为了保证预算制度的严肃性,预算一经批准,一般不予调整,下列情况除外:

①年度预算在执行过程中受国家宏观政策变动影响的;

②年度预算在执行过程中人员机构发生较大变化的。

(4)如果确实需要调整年度人力资源成本预算,下属各单位、各部门需向人力资源成本管理小组或人力资源部提出申请,经批准后方能执行。

8.4.4　建立人力资源成本支出统计台账

为了方便对人力资源成本的支出进行分析,确保人力资源成本数据的真实性及可靠性,人力资源成本管理小组应建立人力资源成本统计台账。

8.5　人力资源取得成本控制

8.5.1　人力资源取得成本控制策略

人力资源的取得成本是比较昂贵的,尽管招聘与录用成本在人才市场上已有大幅下降,但还是很高的,因为它的计算中还常常包括寻找过程、面试、支付代理费以及重新安置和培训新员工等成本。尽管选择决策并不是不可逆转的,但一旦员工被雇用,即使其业绩勉强合格,也很难辞退他。因此,公司在获取人力资源之前应认真考虑以下成本控制策略(当然,这些控制策略有时也不仅仅局限于人力资源取得成本的控制,有的涉及整个人力资源成本的控制策略)。

8.5.1.1　加班

解决工作量中短期波动最常使用的方法。加班对企业和员工双方都有帮助。企业由于避免了人力资源取得成本而获益;员工则可以得到较高的报酬。

与利用加班明显的优点相伴而来的是潜在的问题。许多企业认为当员工长时期加班后,会变得疲劳并缺乏以正常工作效率完成工作的精力,特别是当需要过度的加班时,使人力资源的使用成本及保障成本增加。

两个附带的潜在问题都与延长加班时间有关。员工可能自觉或不自觉地调整自己的步伐以保证加班时间,他们也会习惯于这种由加班报酬而增加的收入,员工也可能会由于这种额外收入而将他们的生活标准提高到新的水平。然而,当不再需要加班并且报酬减少时,可能会引发员工的不满。

8.5.1.2 转包

即使一个企业预测出市场对它的商品或服务的需求是长期增长的，它仍然可能会拒绝雇用新的员工。相反，企业会选择将工作转包给另一家企业的方式。实际中，当转包商在生产某些商品或服务上更具有专长时，这种方法特别具有吸引力。这样的安排常常会使双方都受益，并且完全能避免人力资源取得成本的增加，但同时也会减少企业的利润。

8.5.1.3 应急工

一个长期在编员工的全部人力资源成本一般要占到工资总额的30%～40%，并且还不包括招聘成本。为避免这样一些成本并保持随工作负荷变动的灵活性，企业可以采用兼职工或临时工。临时工有助于企业通过提供对付量或特殊工作负担的处理来帮助他们的顾客。这些企业把员工安排给他们的顾客以履行所有通常与雇用有关的职责。这样就避免了招聘、旷工和人员调整及员工福利所需的成本费用。

8.5.1.4 租赁员工

租赁员工是愈来愈流行的人力资源取得成本控制策略。企业使用了这种方法，就可以正式地解雇一些或大部分员工。于是租赁公司通常以同样的薪水雇用他们，并将他们租给前任雇主。前任雇主成了租赁公司的顾客，员工像以前一样在顾客的监督下继续工作，租赁公司作为雇主则承担着所有相关的责任。

对于企业来说，租赁员工首要的好处是不必再进行人力资源的管理，包括对福利方案的维护，这样可以大大降低人力资源成本。另一个好处是它提供了一种方式，以避免工会来组织活动或认可并与现有工会进行谈判的要求。

租赁的好处对员工来说也是越来越多的。由于租赁公司为许多公司提供工人，所以他们常常得到规模经济的好处。规模经济能够给他们带来较优的、低成本的福利方案，另外，也使得流动就业的机会更多。还有，若某客户的组织在商场上遭到失败，租赁公司则可以将员工转租给另一家客户，从而使这些员工免遭解雇，同时也避免了其工龄上的损失，从而提高了人力资源的价值。

8.5.1.5 内部选拔

内部选拔是控制人力资源取得成本的一种特殊形式。严格来说，内部选拔策略不属于人力资源取得成本的控制策略，而应该属于人力资源开发成本控制的范畴，但它又确实是企业中与人力资源取得成本控制策略关系密切的。内部选拔策略包括：

(1)内部提升。当企业中有些比较重要的岗位需要招聘人员时，让企业内部的符合条件的员工从一个较低级的岗位晋升到一个较高级的岗位的过程就是内部提升。

内部提升的主要优点是：有利于激励员工奋发向上，较易形成企业文化，日本企业运用较多。其主要缺点是：不易吸收优秀人才，自我封闭，可能使企业缺少活力。

(2)内部调用。当企业中需要招聘的岗位与员工原来的岗位层次相同，或略有下降，把员工调到同层次或下一层次岗位上去工作的过程称之为内部调用。

内部调用的主要优点是：对新岗位的员工较熟悉，较易形成企业文化。其主要缺点是：与内部提升的缺点相似，另外可能影响员工的工作积极性。

在企业中，内部选拔策略是经常发生的，当一个岗位需要招聘时，管理人员首先想到的是内部选拔是否能解决该问题。由于内部选拔费用低廉，手续简便，人员熟悉，因此当少数人员招聘时常常采用此方法，而且效果也不错，并且其人力资源的取得成本也相当少。

但是当企业内部员工不够，或者没有合适人选时，企业就不应为了控制人力资源取得成本而使用内部选拔，而应该采取其他形式的备用方案或进行真正意义上的招聘，向社会公开地招聘员工。

8.5.2　招聘成本控制

招聘成本一般应包括：①直接成本。包括广告、招聘会费用、猎头费、中介费、员工推荐奖励金、校园招聘费和网络广告费。②内部成本。主要是指招聘人员的工资、福利、差旅费及其他管理费用。③外部成本。主要是指招聘外地员工所发生的搬家费、安家费、探亲费和交通补贴费等。④机会成本。招聘成本的机会成本主要体现为：如果招聘到一名适合于本招聘职位的员工能够给公司创造的效益；如果招聘到的员工不符合公司的要求，有可能带来的经济损失、管理费、办公费、员工试用期薪酬、培训费及另找一名员工所需要的招聘费等。

8.5.2.1　明确人员招聘审核权限

为了有效识别人员空缺，确保所招聘职位是必需的且无法替代的，其职责不能通过工作分配、现有人员加班、临时借调或外包的形式解决。为了严格控制编制，应逐级审批，从有利于企业整体组织架构的角度合理配置人员，避免出现冗员，增加成本。当招聘工作出现重大失误或招聘费用严重超支，需向审批人员问责。

招聘审核程序一般包括：提出招聘需求，即由相关人员提出人员招聘需求；行使审核权，即由相关人员对员工招聘工作进行审查，并做出决定，包括推荐给下一个审核者或者核准者进行决策并提供建议，还包括否决招聘员工，审核者行使否决权后，招聘程序自动中止。

8.5.2.2　行使核准权限

核准权限是指相关人员根据审核者提供的建议，最终决定员工招聘是否执行，如果同意则立刻执行，反之则不执行。

8.5.2.3　招聘渠道优化选择

招聘渠道类型如表8-2所示。

选择招聘渠道时，可按如下顺序选择：①考虑内部招聘。通过内部招聘，一方面确保公司内部业务和文化的匹配，另一方面也是公司为员工的职业生涯发展提供的机会。此种方式费用低，质量有保证，大部分职位可先通过发布内部信息的方式进行招聘。②考虑员工推荐。这种方法在寻找很难招到的人才时，如招聘高科技或信息专业人才时特别有效，可节省大量费用。③考虑网上招聘。专门的招聘网站按年收费，费用较低，可以发布任何数量的广告，因此可以作为一般职位招聘需求的首选方式，但对高级职位的招聘效果不理想。④考虑报纸广告。招聘渠道中，目前公司所在地区××报纸效果较好，处于垄断地位，特别适用于招聘各类中高级人才职位，但费用较高。⑤考虑校园招聘。校园招聘适用于有长期人才培养计划、相同需求职位较多的公司。⑥考虑猎头公司。仅限于招聘部门经理及以上级别的职位使用。

表 8-2　招聘渠道类型比较分析

招聘渠道	收费情况	招聘特点	招聘效果
内部渠道	免费	对能力强的员工可起到激励作用,避免优秀员工被竞争对手挖走	随时发布信息,针对性强,质量有保证,但选择余地较小
员工推荐	500～1 000 元(用于奖励)	针对性强,效率较高	费用低,质量有保证,但是存在管理隐患
网上招聘	2 000～100 000 元	覆盖面广,无地域限制,可作为企业形象宣传,针对性强,宣传沟通方便	费用低,不断使用,可选择余地大
校园招聘	免费或少许	可作为企业形象宣传,直接与求职者面对面	后期培训费用较高
报纸广告	12 cm×8 cm 6 000 元/次	固定阅读,媒介覆盖影响力大,但时效性差	需花费较大精力筛选,效果一般,不利于招聘较高职位
招聘会	1 000～4 500 元/摊位	与求职者直接面对面,效率较高	时效性强,质量难以保证,持续时间短
猎头公司	15 000～100 000 元	针对性强,质量高,效率高	质量有保证,但费用高

8.6　人力资源开发成本控制

8.6.1　人力资源开发成本的控制策略

人力资源开发不仅要考虑投入或产出多少,更重要的是要考虑投资收益的问题——效益原则。总的来说,产出应该高于投入。当然,这里的投入是容易计算的,但是产出的计算却有其特殊的困难,因为:①有不易量化的技术上的因素;②有潜在的或发展的因素;③有社会的因素等。

为了保证产出高于投入,企业必须注意如下要点:①提高培训和开发的效率;②进行适度与恰当的培训与开发;③做好培训和开发的预决算工作及其评估工作。

8.6.1.1　做好需求调查

为了控制人力开发成本,企业必须做好需求调查,确定企业必须进行哪些培训,哪些工作需要培训,以及哪些员工需要培训。

为确定组织的人力资源开发需求,就必须进行三个层次的分析,即组织分析、工作分析和人员分析。组织分析整个企业,确定开发在何处进行。企业的战略目标及规划应与人力资源规划一起进行。

(1)组织分析。组织分析的目的是确定人力资源开发在整个组织范围内的需求。组织分析首先应从组织目标和组织战略出发,分析人力资源开发的组织需求。如果违背则会导致这样的结果,即尽管在人力资源开发上投入了大量的时间和金钱,到头来却徒劳无益。

(2) 工作分析。工作分析的目的是确定培训与开发的内容，即让员工达到令人满意的工作绩效所必须掌握的东西。工作分析需要做的工作是：系统地收集反映工作特性的数据。以所收集的数据为依据，制定每个岗位的工作标准。明确怎样才能达到这些工作标准，确定有效的工作所需要的知识、技能、才干和其他一些条件。工作分析的方法有岗位分析，绩效评价，与员工、管理者会晤，作业分析等。

(3) 人员分析。人员分析的目的是确定每一个员工完成所承担工作任务的好坏。这一层次的需求分析可以由以下公式来定义：

理想工作绩效 − 实际工作绩效 = 培训开发需求

理想工作绩效可由工作分析阶段确定的绩效标准来表示。个人的工作绩效数据、上司给员工的考核评分、由员工的工作日记形式保留的绩效记录、态度调查、面谈或测验（职业知识、工作样本、情景模拟）可以提供实际工作绩效的数据。实际工作绩效与理想工作绩效之间的差别可以由培训和开发来缩小和弥补。

当然，人力资源开发需求分析不能到此为止。为了测定人力资源开发的结果以及将来的培训需求，对人力资源开发的需求分析必须形成一种制度，定期进行。这种制度必须保证培训需求始终在三个层次上全面开展：组织层次——确定目标；作业层次——确定需要实现的目标与方法；个人层次——为实现这些目标所需要做的工作。

8.6.1.2　选好开发方法

不同的开发方法有不同的成本，同时，对不同的人也有不同的效果，有些方法仅适用于管理者或初级专业人员，有些方法则适用于操作工人，还有些方法上述两类人均适用。

8.6.1.3　做好效果评价工作

人力资源开发的效果评价工作可以从三方面进行：①后果评价。即如果不实施人力资源开发项目将会有什么后果，属于反面评价。②效果分析。即进行人力资源开发项目后收到了什么样的效果以及效果的程度如何，属于收益评价。③项目评估。即对开发项目本身进行得如何开展系统分析，最终对项目作出评估，属于项目整体评价。

当然，无论哪种评价方式其根本点是一致的，只是着眼点不同而已。一般而言，在人力资源开发效果评价中比较常用的几种方法是：

(1) 测试比较评价法。人力资源开发项目实施前和结束时分别用难度相同的测试题对受开发者进行测试。如果受训者在开发结束时的测试成绩比开始时有明显提高，则表明经过开发确实增加了受训者的知识、技能和经验。

(2) 工作绩效评价法。人力资源开发项目结束后，每隔一段时间（如 3 ~ 6 个月）以书面调查或面谈的形式，了解受训者在工作上取得的成绩。如工作量有无增加、工作素质有无提高、人际交际能力是否增强等，从中可确认开发工作有无成效。有的工作，也可以使用定量的工作绩效评价方法，以便从定量的角度衡量培训工作的成效。

(3) 工作态度考察评价法。考察受开发者在开发前后工作态度的变化。如通过开发，受开发者在工作上确能表现出高度的热情、良好的工作态度、极强的组织纪律性和工作责任心等，则表明开发工作具有成效。

(4) 工作标准对照评价法。通过了解受开发者在工作数量、工作质量、工作态度等方面能否达到工作标准来判定开发工作有无成效。

(5)同类员工比较评价法。比较受开发者和未受开发者的工作,以此比较结果对开发工作的成效做出评价。如果两者在同样的工作上,未受开发的一个工作成绩与之前相差无几,而其中经过开发的一个工作成绩明显提高,则表明开发工作具有成效;否则,就说明培训效果欠佳。

8.6.2 人力资源开发成本的控制

8.6.2.1 培训费用控制

各部门主要负责日常培训工作,如新员工培训、岗位培训,由其自行预算。如在预算内可直接使用,如在预算外需向管理部门申请。各部门应于每月20日前将下月培训规划及预算报总部培训发展部审核,经审核无异议后再填到预算表中,上报上级审批。

8.6.2.2 职工教育经费的使用与管理

教育经费必须专款专用,不得截留和挪用。公司按职工工资总额的 $X\%$ 提取职工教育经费,用于公司统一举办各类短期培训以及培训基地的建设等工作;各分公司按员工工资总额的 $Y\%$ 提取职工教育经费用于本公司员工的教育培训工作。

公司集中使用的教育经费:统一结算单位由公司财务部直接按工资总额的 $X\%$ 提取;独立核算单位按工资总额 $Y\%$ 提取的教育经费汇入公司财务部指定的账号。

凡由公司统一组织的教育培训,公司各部门和相关单位要提出培训项目及经费预算,由人力资源部收集汇总,经公司员工教育委员会审议,报公司领导批准列入公司培训计划与经费预算。计划外需增加的培训项目,有关部门和相关单位应提出书面申请,必须按公司审批程序办理。

公司统一组织的教育培训经费,以审核批准的经费预算为限额。但如果出现实际参加人数和培训时间少于原计划等现象,其费用要在原预算中做相应扣减。

组织办班单位(部门)要根据培训班的实际情况,据实将需要购置资料费列入培训班的预算,待预算批准后,凭发票报销。

组织办班的子公司(部门)要根据聘请教师的实际情况,将教师授课费列入培训班预算,待预算批准后,据实支付。

办班管理费、资料费、教师授课费待培训班结束后,由承办单位填写有关报表,并附上有关发放清单,经组织办班的负责人签字,报公司人力资源部审核后拨付。

考核与监督。公司将教育经费的提取和使用情况列入人力资源工作管理考核内容。

各子公司教育经费要建立使用计划和支出明细账,按计划掌握使用。

财务、审计、监察、人力资源等部门要严格履行职责,加强对教育经费提取和使用管理情况的检查监督。

加强教育经费专项账目的管理,每年各子公司教育、财务部门应向本公司员工教育委员会和公司员工教育委员会、人力资源部、财务部汇报教育经费使用情况。

对克扣、侵占、挪用、贪污教育经费,严重违纪的行为,公司及下属子公司应对直接责任人和主要负责人视其情节和人事管理权限进行严肃处理,构成犯罪的移交司法部门,依法追究刑事责任。

8.6.2.3　职工继续教育费用控制

凡参加学历教育培训,且取得相应学历证书的职工,可依据取得学历层次的高低获得相应的一次性继续教育培训奖励,层次越高报销金额越大。

如果是脱产学习可发放学习补助费××元/天,一学期发放一次,学期结束后发放。保留除岗位工资和月奖金外的所有福利待遇。每年可报销两次往返交通费(如火车、轮船、长途汽车普通座票),报销学生公寓住宿费。

如果是在职学习,发放全额工资,不享受学校补助。根据实际情况报销往返交通费。

8.7　人力资源使用成本控制

8.7.1　职工薪资成本控制

薪资成本是指企业支付给员工工资所产生的成本,具体包括工资、奖金与福利等。职工薪资成本是人工成本的重要组成部分,直接影响到企业经营总成本的高低。

8.7.1.1　确定薪资总额

薪资控制的关键在于根据公司的实际情况确定合理的薪资总额,然后以薪资总额为标准,实施薪资控制。

先由公司高层决定公司整体的薪资总额与加薪幅度,然后分解到每一个部门,确定各部门的薪资总额。各部门根据部门薪资总额与员工的特点再分解到每一个员工。

8.7.1.2　测算薪资支付能力

人工费用率测算:人工费用率 = 人工成本/销售额

劳动分配率测算:劳动分配率 = 人工费用/附加价值

其中:　附加价值 = 销售额 - 从外部购入价值

从外部购入价值 = 物料 + 外包加工费用

损益平衡点测算:损益平衡点销售额 = 固定费用/临界利益率

其中:　临界利益率 = (销售额 - 流动费用)/销售额

8.7.2　调整工时及用工模式

采用不定时工作制。不定时工作制是指因企业生产特点、工作特殊需要或职责范围的关系,无法按标准工作时间安排工作或因工作时间不固定,需要机动作业的员工所采用的弹性工时制度。按照劳动部有关规定,适合实行不定时工作制的岗位有三种:①高级管理人员、外勤人员、推销人员、部分值班人员和其他因工作无法按标准工作时间衡量的员工。②长途运输人员、出租汽车司机和部分装卸人员以及因工作性质特殊,需机动作业的员工。③其他因生产特点、工作特殊需要或职责范围的关系,适合实行不定时工作制的员工。公司对以上岗位人员采用不定时工作制可以有效控制加班费用及由此产生的纠纷。

调整用工模式。①合理使用非全日制员工。非全日制从业人员是指在某一行政区域内的企业、个体工商户、民办非企业单位、国家机关、事业单位及社会团体所雇用人员的每日工作时间不超过一定的小时数,以小时为单位计算工资的劳动者。根据岗位特点、季节性销售高峰、每日销售高峰时段,可安排非全日制员工从事销售、促销、清洁等工作。使用非全日制员工具有工作时间随意、非工资性成本低、人员配置灵活的特点,而且可以随时通知对方终止用工而不必支付经济补偿。应该注意的是:在招用非全日制员工时应当对其基本情况进行全面了解,要求求职者说明在其他兼职单位的工作内容和工作时间等情况。对工作时间有冲突及在竞争对手、客户等有利益冲突单位工作的求职者不予录用。注重商业秘密管理,对涉及商业秘密的工作岗位一般不宜使用非全日制用工,如确需使用的,应当与员工签订保密协议。②员工租赁,即用人单位根据工作实际需要,向劳务派遣公司提出所用人员的标准、条件和工资福利待遇等,劳务派遣公司通过查询劳务库等手段搜索合格人员,经严格筛选,把人员名单送交用人单位,用人单位进行最后确定。然后,用人单位和劳务派遣公司签订劳务租赁(派遣)协议,劳务派遣公司和被聘用人员签订聘用合同。

用人单位与劳务派遣公司的关系是劳务关系;被聘用人员与劳务派遣公司的关系是劳动关系,与用人单位的关系是有偿使用关系。劳动派遣适用岗位需同时符合三个条件:①临时性岗位,指公司非常设岗位,是因特殊原因(比如季节性要求较强的工作)而在一个相对时段内设立的岗位。②辅助性岗位,指公司非核心的工作岗位,是补充性、助理性的工作。③替代性岗位,指公司非必需的且相对技术含量不高的岗位。

8.7.3　掌握薪资谈判技巧

在与拟录用的员工进行薪资谈判时,要注意以下技巧:

(1)要询问"目前薪资":一定要了解其岗位的薪资情况,了解其职能范围及掌控资源的程度。

(2)要询问"期望薪资":一般不高于目前薪资的10%。

(3)要洽谈"试用期标准":一般情况试用期薪资为转正后标准的70%~90%,特殊情况可以按转正后标准执行,但需有审批权限的领导审批。

(4)要声明做背景调查,以使候选人的回答及要求更理性,避免漫天要价,减少双方产生分歧的概率。

(5)注意谈判中"薪资"的真正含义,以免产生理解偏差。薪资不仅仅指工资,还包括福利等其他待遇,如交通补助、住房补助、商业保险等。

8.7.4　建立合理的岗位薪资制度

区分固定薪资与可变薪资。任何货币薪资不转化为固定薪金部分,而是随业绩的变化而变化。以预先确定的个人业绩衡量标准完成情况或以团队和组织的业绩来决定。凡是固定薪资之外的报酬部分,随着个人、团队、组织的业绩变化而变化,包括利润分享、收益分享、目标分享和小组激励等多种形式。

按岗位确定薪资构成比例。一般员工为基本工资+奖金+福利。三部分比例按职级高低而不同,其中部门经理为6:3:1,主管为7:2:1,员工为8:1:1。高级管理人员为基本工资+奖金+年终奖金+福利+股权/股票期权/虚拟股权。销售人员为保底工资+销售提成+福利。

8.7.5　员工薪资增长控制

增加员工薪资应掌握的比例。员工薪资总额的增长应与公司上年实现的利税、上缴利税或销售收入等经济效益指标增长保持一致，二者之间的比例应掌握在(0.3 ~ 0.7)∶1，即企业效益增长 10%，员工薪资应增长 3% ~7%。员工平均薪资增长应与企业劳动生产率的增长相适应，一般二者的比例关系不能高于 1∶1。企业工资利税率的水平应与员工工资增长同比例，后者不能高于前者。居民消费价格指数是员工薪资增长的主要参考因素，应在公司经济效益逐步提高的基础上，使员工实际工资水平每年有所提高。

增加员工薪资要考虑的内部因素：①劳动生产率；②资产保值增值率；③人工成本水平；④经济效益情况；⑤公司资产负债表和利润表情况；⑥薪资支付能力。

8.7.6　员工福利费用控制

福利费开支范围：过节费，包括发放的物品、节日补助(不包含加班补助)、员工节日聚餐等。员工活动费，包括旅游(春游、秋游)费、文体活动(含用品)费、员工联谊活动费(包括场地租用费、餐费、奖品等)等。员工生活用品购置费，包括购买家具、灶具、燃气等员工集体宿舍必需的各种用品所花费的各项费用。其他费用，包括员工困难补助费、抚恤金、丧葬费、工伤医疗费、工伤补助费、探视费、慰问员工费、员工体检费等。

福利费控制程序：①人力资源部年末编制下年度员工福利成本预算。②财务部于年初编制出“员工福利费计划”，下达到各单位执行。③根据领导批准的计划，由财务部按季度汇总办理控购物资的审批手续。④员工福利费的收支账务程序比照一般会计制度办理，支出金额超过 2 000 元以上者需提交主管副总经理审批。⑤财务部每半年编制“福利费支出明细表”，交主管副总经理审批并公布。

8.7.7　控制人力资源浪费

人是企业生产的主力军，由人造成的浪费也是企业生产中最大的浪费。企业必须控制和避免以下几个方面的浪费现象：①操作不规范。任何一项生产作业都要有严格的操作规程。由于人为的不规范操作，对生产的影响是极大的，有时会导致生产中断、事故发生等严重后果。②协调力度不够。良好的协调会出现“1 +1 >2”的协同效应。如果在管理工作中协调不力，就会造成生产停滞等方面的浪费。如果生产企业各部门之间协调不好，会使整个企业凝聚力下降，职工缺乏团队意识和协调精神，就会降低生产效率。③人员安排不当。生产企业只有将合适的人才放在合适的岗位上才能创造更好的业绩。当整体人员合理到位，企业的生产进度会得到保障，生产效率会大幅度提升。如果人员安排不当，会造成有人“跑步”、有人“走路”、有人“散步”的局面，造成人力上的浪费。更有甚者，如果负责人员任命不合适，甚至可能给企业带来致命的伤害。④员工应付生产。有些员工不负责任或责任心不强，对企业来说这是一种人力上的浪费。因为这种浪费会成为一个坏的影响力中心，大大影响了其他员工的积极性。⑤等待浪费。在管理中的等待浪费包括等待上级的指示、等待外部的回复、等待下级的汇报、等待生产现场的联系等。⑥人员闲置浪费。一个人的工作两个人干，结果每个人都拖泥带水、人浮于事，这为企业造成大量的闲置浪费。

第 9 章 煤炭企业质量成本控制

9.1 质量成本概念及构成

9.1.1 质量成本概念

质量成本是企业为保证和提高产品质量而支出的一切费用,以及因未达到质量水平而造成的一切损失之和。具体内容包括预防成本、检验成本、内部缺陷成本、外部缺陷成本,以及外部质量保证成本等。

产品质量成本由两部分组成:一是为了改进和提高产品质量所投入的费用,这里既有制造质量,也包括由设计所决定的产品性能。如投入新产品鉴定费、工序能力研究费、质量改进措施费、质量审核费等。二是由于产品质量不良,达不到质量标准而发生的返修损失、废品损失、降低损失、退换损失、"三包"管理费等内部缺陷成本、外部缺陷成本等。

质量损失。由于产品质量不良所造成的损失称为质量损失。一定时期一定产品的质量损失与同期同产品的销售利润的比率,称为质量损失系数。为了改进和提高产品质量所投入的预防费用和检验费用之和与一定时期质量利润额的比率,称为质量投资效果系数,用于反映质量投入的经济效果。

过剩质量损失。企业由于不考虑消费者使用的需要,一味追求产品的高级、优质、高档化,其结果不仅增加产品的生产成本,还导致产品价格昂贵,它不仅形成了过剩质量,而且还会由于价格昂贵竞争失利而减少产品销量。这种由于提高成本而造成的利润减少的损失,称为过剩质量损失。一定时期一定产品所形成的过剩损失与同期同产品的销售利润之比,称为过剩质量损失率。

质量成本概念是在经济发展的特定历史环境中,人们对其认识程度的一种表述。科学的成本概念是对质量成本的本质、特征、目的和构成内容的高度概括。它随着社会经济和人们认识的发展而发展,也就是说质量成本概念是发展的,不是一成不变的。但是,处于特定的社会经济发展的历史阶段,质量成本的概念又是相对稳定的,否则就无法在实务中加以应用。

9.1.2 质量成本构成

由于企业产品、工艺及成本核算制度等差别,对质量成本的具体构成有不同的认识和处理。质量成本的构成分析直接影响企业会计科目的设置及管理会计工作的运作,国际及国内对此都十分重视。质量成本一般包括以下内容。

9.1.2.1 预防成本

预防成本是指预防产生故障和不合格品的费用。一般包括:①质量工作费(企业质量体系中为预防发生故障、保证和控制产品质量所需的各项费用）；②质量培训费；③质量奖励费；④质量改进措施费（制定和贯彻各项质量改进措施的费用）；⑤质量评审费（新产品开发或老产品质量改进的评审费用）；⑥工资及附加费（质量管理专业人员的工资及附加费用）；⑦质量情报及信息费等。

9.1.2.2　鉴定成本

为评定是否符合质量要求而进行的试验、检验和检查的费用。一般包括：①进货检验、工序检验、成品检验费用；②试验材料等费用；③检验试验设备校准维护费、折旧费及相关办公费用；④工资及附加费（专职检验、计量人员的工资及附加费用）。

9.1.2.3　内部故障成本

交货前因产品未能满足质量要求所造成的损失。一般包括：①产品损失；②返工、返修损失；③复检费用；④因质量问题而造成的停工损失；⑤质量事故处置费用；⑥质量降等降级损失等。

9.1.2.4　外部故障成本

交货后因产品未能满足质量要求所发生的费用。一般包括：①索赔损失；②退货或退换损失；③保修费用；④诉讼费用损失；⑤降价处理损失等。

9.1.2.5　外部质量保证成本

外部质量保证成本不同于外部故障成本。外部质量保证成本一般发生在合同环境下，指因用户要求，为提供客观证据所支付的费用。一般包括：①按合同要求，向用户提供的、特殊附加的质量保证措施、程序、数据等所支付的专项措施费用及提供证据费用；②按合同要求，对产品进行的附加的验证试验和评定的费用；③为满足用户要求，进行质量体系认证所发生的费用等。

对质量成本的认识和应用还处于发展阶段。严格来说，质量成本并不属于成本会计范畴，而属于管理会计范畴。因此，研究质量成本的目的并不是为了计算产品成本，而是为了分析寻找改进质量的途径，达到降低成本的目的。

9.2　质量成本核算

在进行质量成本核算时应设置“质量成本”一级科目，下面按照质量成本的构成分设“预防成本”、“鉴定成本”、“内部故障成本”、“外部故障成本”和“外部质量保证成本”五个二级科目，同时设置质量成本汇总表和有关的明细表。

9.2.1　质量成本核算方法

质量成本核算方法主要有统计核算法、会计核算法和会计与统计相结合的核算方法。

（1）统计核算法。采用货币、实物量、工时等多种计量单位，运用一系列的统计指标和统计图表，运用统计调查的方法取得资料，并通过对统计数据的分组、整理获得所要求的各种信息，以提示质量经济性的基本规律为目的，不注重质量成本数据的完整性和准确性。

（2）会计核算法。采用货币为主要计量单位，采用设置账户、复式记账、填制和审核会计凭证、登记账簿、成本计算和分析、编制财务报表等一系列专门方法，对质量管理全过程进行连续、系统、全面和综合的记录和反映;以经审核无误的凭证为依据,质量成本资料必须准确、完整,整个核算过程与现行成本核算相似。

(3)会计与统计相结合的核算方法。根据质量成本数据的来源不同,而采用灵活的处理方法。其特点是:采用货币、实物量、工时等多种计量手段,采用统计调查、会计记账等方法收集数据,方式灵活,资料力求完整。

9.2.2 质量成本核算的基础工作

质量成本核算的基础工作包括:建立健全各种原始记录,建立健全质量成本计量和计价制度,建立健全质量成本核算的责任制度。

(1)建立健全各种原始记录。质量成本核算的各种原始记录包括各种台账、表格、卡片、报表等,企业应根据不同的核算要求,设计不同格式的原始凭证,以便及时登记、收集与质量成本有关的数据。

(2)建立健全质量成本计量和计价制度。质量成本的范围涉及许多环节,很多与产品成本混在一起,需要进行仔细的分离,有些属于隐含的、潜在的支出,更需要建立一套完整的计量、计价制度,才能相对完整地收集到质量成本数据。因此,应配置灵敏、准确的计量、检测器具,并保持良好的工作状态,建立必要的计量制度,制定不同的计价标准,为质量成本充分运用货币计量手段打下基础。

(3)建立健全质量成本核算责任制。质量成本各项数据的记录、收集、计算、考核、分析、控制、改进、奖惩只有与责任单位紧密联系起来,才能落到实处,取得成效。质量成本核算责任制的主要内容包括:质量成本各项内容的责任分解;在充分利用现有会计人员的基础上,培训、充实各级质量成本核算员,并明确职责分工;建立质量成本数据分离、记录、审核、汇集、计算、传递、报告的工作程序和规章,确保质量成本核算的及时、准确。

9.2.3 质量损失的核算

(1)质量损失核算的账户设置。核算质量损失一般应设置“质量损失”总账,下设“产品质量损失”、“工作质量损失”两个二级账户,明细科目的设置可根据各企业质量损失的大小,质量损失各具体项目的构成情况,选择重要的设置,以有利于对最重要的质量损失项目进行收集和控制。

(2)质量损失各部门责任分解。在设计开发阶段造成的设计不良损失、更改损失等由技术开发部门、工艺设计部门负责;在生产阶段造成的报废损失、停工损失、减产损失、降级降价损失等由生产部门、检验部门负责;在销售阶段造成的索赔费、退货换货损失、诉讼费、保修费、各种质量罚款损失、市场份额下降损失等由销售服务部门负责。

9.3 质量成本控制

9.3.1 质量成本控制要求

质量成本控制,是指根据预定的质量成本目标,对实际工作中发生的所有质量成本进行指导、限制和监督，及时发现问题，及时采取有效的措施，或不断地推广先进经验，以促进产品质量成本的不断下降，取得最佳经济效益而实施的一种管理行为。实施质量成本控制，可以在产品质量、成本和经济效益三者之间寻求一个相对平衡。因此，要求做好以下三个方面工作：

（1）树立质量成本导向的思想。应当树立质量经营理念："不考虑成本，就不能给质量下定义；搞好质量管理，成本管理才成其为成本管理；真正进行质量成本管理，质量管理的效果就逐步提高；不赚钱的质量，就不是质量；质量的管理要控制成本。"

质量的关键是适用性。从产品实用性讲，其质量标准应包括性能、寿命、可靠性、安全性和经济性五个方面的指标。不顾消费者的真实需求，盲目追求高精度、高性能，价格昂贵，并不一定会令顾客满意。质量必须给用户带来价值，即产品的功能应能够满足用户的使用需求，达到一定的用户满意度。

（2）确定质量成本目标。企业在确定质量成本目标时，既要考虑节约开支、降低质量成本，又要处理好质量成本与质量、功能等方面的关系，通过质量成本效益分析，综合企业的具体条件，寻求质量成本的最佳值。

现代质量成本管理以零缺陷为目标，倡导全面质量管理，要求将不符合质量要求的产品降低到零。同时，强调顾客愿意接受增加价值的作业并支付其相应成本，但拒绝接受非增值作业以及支付其相应成本。因此，因产品交付用户前后出现缺陷而导致的非增值作业，应予以避免。预防作业可视为增值作业，而一部分检验作业如质量审计是预防作业所必需的，应视为增值作业，应予以保留。

（3）确定产品的设计质量水平。就是要找出质量变化与价格、功能、成本、收益（利润）之间的关系。一般而言，随着产品设计质量水平由低到高，价格和成本亦随之提高，但由于价格增长幅度更大，企业的收益呈上升趋势。当质量水平达到一定高度后，再提高质量水平，成本增长幅度就会超过价格，企业收益反而呈现下降趋势。企业收益曲线出现拐点时的质量水平，就是理论上的最佳产品设计质量水平。

企业在实际确定质量水平时，不仅要进行经济分析，而且要慎重考虑消费者的需要、本企业的技术条件、设备能力、工人及技术人员的技术水平、营销能力，等等。

9.3.2　煤炭开发质量成本控制

煤炭开发主要包括井巷工程建设、矿区设计以及前期勘探投入，地质因素也是影响煤炭开发的重要因素。因此，要完善基建质量成本控制措施，加强煤炭开发质量成本管理必须考虑地质条件、井巷基本建设投入的影响。

（1）加强地质勘探与评价，尽量减轻地质条件对生产的影响。与一般的加工企业不同，煤炭资源埋藏在地层深处，开采之前并不完全清楚生产对象的具体情况。资源的赋存情况在开采之前主要通过钻探资料来预测、评价。但地质构造复杂程度又直接决定着生产能否正常进行，影响着矿井生产的安全状况。因此，有必要事先对煤炭地质条件进行勘查、评价，这样可以从采场设计时就充分考虑地质条件，尽量避免大的影响。

钻探的投资比较大，但缺乏钻探资料的盲目生产，可能导致生产的无法正常进行，造成的损失将更大。这就要求煤炭企业要根据开采资源的复杂程度，合理确定钻探的密度，保障企业生产所需的地质资料，为确定合理的开采方案、优化生产组织、降低企业成本提供可靠的依据。

(2)加强项目投资管理，确保基建支出最低和工程质量最优。煤炭企业生产矿井建设的突出特征就是建设周期长、投资规模大以及资金密度高，要降低煤炭企业成本必须严格控制基本建设支出，降低煤炭开发成本。要控制好生产矿井的基本建设成本必须做好以下工作。

在投资阶段要审慎决策。做好矿井工程项目建设的可行性研究，重视拟建项目的经济技术评价和风险成本的分析工作。为了取得矿井项目的最佳经济效果，对项目的先进性和经济合理性进行全面系统的分析和科学论证，同时对项目建成投产后的经济效益、社会效益等进行科学预测和评价。根据项目评价的情况，选定最佳建设方案等结论性意见，为项目决策提供可靠的依据。在进行市场研究、编制计划任务书、选择好建设地点的前提下，实施全过程负责的工程造价管理终身责任制。

在设计和施工阶段要加强控制。建设工程的设计阶段是影响矿井项目建设造价的最大因素，这一阶段影响工程造价的可能性占了70%左右；施工阶段影响工程造价的可能性要占30%。在设计阶段，要推行设计监理制度，从项目的可行性研究阶段就参与进去，协助煤炭开发企业调研、考察、立项和论证，提出合理化建议；推行设计方案招投标制度，通过竞争选择技术水平高和工程造价低的方案；推行限额设计制度，按照决策阶段的投资限额进行方案设计等。建设项目投资主要发生在施工阶段，在施工阶段推行目标成本制度，工程费用层层细化分解；控制工程内容变更和现场签证制度；将工程分项科学排序，尽可能地缩短工期等。通过加强设计和施工阶段的项目控制，确保工程成本最低和质量最高目标的实现。

(3)严格工程竣工决算管理，保证矿井投资和建设项目效果竣工验收结算工作是基本建设程序中末期的管理职能，是对建设成果和投资效果的总检查。竣工验收阶段对工程造价管理的重点应放在工程结算和决算的控制上。一要注重对建设成本的控制，要对矿井建设发生支出的真实性和合理性进行控制，防止不应由基本建设支出的费用摊入基建成本；二要认真核对工程量、定额套项、取费标准和程序、准确执行工资标准和材料价格；三要对工程结算依据进行核对，保证所用决算材料的真实性和合法性。矿井项目造价的控制在财务上不一定反映全面，而工程结算才是确定矿井项目造价的考核、分析投资效果的依据，也是保证矿井投资和建设项目效果的关键。

9.3.3　煤炭生产过程的质量成本控制

这一阶段质量成本管理人员的主要任务是：协助各职能部门用经济的手段生产出符合标准要求的产品，最大限度地降低制造成本。具体包括以下几方面。

9.3.3.1　“5MIE”的经济确定

人、设备、材料、方法、检测和环境结合“5MIE”的有效程度，决定着工序能力水平，而它结合的经济性如何，则直接体现在制造成本的高低上。成本管理人员必须从经济角度，在保证和提高工序能力的前提下，对“5MIE”的费用投入进行评估。具体评估如下：

(1)与人事教育培训部门通力合作，共同商讨对与生产过程有关的各类质量人员的培训方案,特别是对计量、化验和特殊操作、特种工艺人员都应通过严格考核并取得资格证明,使其适应质量管理、质量控制的需要,在此基础上计算质量教育培训成本。

(2)参与新机器设备、工量具的增值过程,协助确定是购置、改良、租赁,还是提高设备利用率,使之既能满足产品生产的质量要求,又能保证增置设备成本控制在预定的目标范围之内。

(3)参与各种原材料、外协配套件的选购工作,保证成本管理人员切实参与评价供应商的财务等级和信用等级方面的活动,对关键的、重要的材料、半成品、外购件、外协品应建立严格的预算管理制度。

(4)对工艺方法、操作方法提供会计帮助。主要是从经济的角度审查工艺计划是否合理,工艺路线、工艺规程的设计质量是否符合要求,能否满足质量特性形成过程的需要,是否经济合理。

(5)参与检测系统的建立。包括:协助确定原材料及外协件采购是驻厂协作检验还是送达检验,是全数检验还是抽样检验;工序检验是自检、互检还是交检,检验的频次及检验点分布的确定;成品检验的经济平衡点的确定;对重大的预防性自动化检测设备的安置得失进行经济论证;对为获得产品现场服务性能而进行的各种试验特别是破坏性试验而投入的费用进行效益评估;对已鉴定为不适用产品的经济处理等。

(6)参与对生产环境、工作环境的确定,在经济的基础上营造文明的生产环境和良好的工作气氛。

9.3.3.2　参与生产制造过程有关事项的经济决策

在生产制造阶段,有很多质量管理项目需要成本管理人员的大力协助,才能得以最经济、有效地确定。具体包括最佳质量品率的确定、质量改进突破的决策、质量改进程度决策、工序控制分析和故障损失分析。

9.3.3.3　加强生产技术准备的质量控制,控制质量成本

生产技术准备阶段是指从审查产品的工艺性开始到产品投入生产并能有效控制为止的阶段。这一阶段的主要任务就是根据设计图纸和技术要求,结合工厂实际情况,制订出切实可行的生产技术准备质量控制计划,使生产过程处于受控状态。生产技术准备质量控制的主要内容包括:①审查产品设计,其中重点是产品图纸和技术规格的工艺性,在此基础上审查工艺计划是否合理,工艺路线和工艺规程的设计质量是否符合要求,能否满足质量特性形成过程的需要,是否经济合理。②加强与生产过程有关的各类人员的培训,对计量、检验、化验和特殊操作、特种工艺人员都应通过严格考核并取得资格证明,使其适应质量控制的需要。③建立生产过程质量管理机构,明确各部门的质量责任,建立各级人员的质量责任制和奖惩制度,并建立质量数据收集、整理、传递、处理和反馈系统,保证质量控制计划的实施。④选择合理的加工设备和工艺装备,使之既能满足产品生产制造过程的质量要求,又能保证产品的制造成本控制在标准范围之内。⑤加强采购供应的质量控制,建立严格的材料入库检验制度。对关键的、重要的原材料、半成品、外购件、外协件应建立严格的管理制度。⑥加强生产的现场环境管理,形成文明的生产环境和良好的工作气氛,提高产品的质量。

通过加强生产过程准备阶段的质量控制,可以促使企业生产按照质量控制计划进行,

使预防成本和检验成本处于一个合理的水平,从而保证质量总成本的降低。

9.3.3.4 加强工序的质量控制,保证不良品率在较低的水平

工序质量,是指操作者、设备、材料、检验和环境等因素在工序中对产品质量综合作用的结果。工序质量控制就是要保证工序能稳定地生产合格品,并使工序质量的波动处于允许的范围内。工序质量控制的目的就是在不合格品发生之前,发现问题及时处理,防止不合格品的发生,控制不良品率在较低的水平,从而控制质量成本。加强工序质量控制的手段主要有建立工序质量控制点,运用控制图。

9.3.3.5 组织好技术检验工作,保证检验费用的合理

为了保证产品质量,必须根据技术标准,对原材料、在制品、半成品、产成品以至工艺过程质量进行检验,严格把关,不合格的原材料不投产,不合格的零部件不转序,不合格的半成品不使用,不合格的产成品不出厂,并根据技术检验过程中取得的质量状况数据,进行分析、整理,为改进质量、加强质量管理、控制质量成本提供信息。组织好技术检验工作要做好以下几点:①正确规定技术检验的范围和设置专职检验点。②选择合理的工序检验方式。③建立一支专群结合的检验队伍,实行自检、互检、专检相结合。

9.3.3.6 加强不合格品管理,降低厂内厂外损失

加强不合格品的管理可以从以下几方面进行:①做好不合格品的统计工作。②及时处理不合格品。③定期召开质量经济分析会,进行质量评审,查找原因。④建立不合格品档案。

9.3.3.7 加强辅助生产过程的质量管理,控制成本

辅助生产部门主要是为生产第一线提供服务保障的供应、工具、设备、动力、运输等部门。制造过程中的很多质量问题都直接与这些部门的工作质量有关,辅助生产过程中的工作质量还直接影响到产品的成本。因此,应加强辅助生产过程的质量管理,控制其质量成本。

9.3.4 煤炭销售服务过程的质量成本控制

销售过程的质量成本,是指在销售过程中为保证产品或服务质量而支出的一切费用,以及未达到产品或服务质量标准而产生的一切损失性费用。它一般包括产品服务费用、保修费用、退货损失、折让折价损失、索赔费用等。产品服务费用,是指在产品的包装、运输、安装、使用和维护方面为用户提供服务活动而支出的费用。保修费用,是指保修期间对用户提供修理服务所支出的一切费用。退货损失,是指因产品质量问题,造成用户退货、换货而支出的一切费用。折让折价损失,是指由于产品质量低于标准,经与用户协商同意折价出售的损失和由于折价损失而减少的其他收益。索赔费用,是指由于产品质量问题,经用户提出申诉而进行索赔处理所支付的一切费用。因此,加强销售过程的质量成本控制,对降低产品的质量总成本,增强企业的竞争能力,提高质量效益等具有十分重要的意义。

9.3.5 质量培训费的控制

9.3.5.1 质量培训费预算管理

(1)所有培训项目都遵循“先预算、后使用,先审批、后执行”的原则,质量培训费也不

例外。质量管理部、生产管理部在拟订本年度的培训计划时,要明确本部门的质量培训计划,并进行费用预算,报人力资源部审批。

(2)人力资源部负责汇总编制公司质量管理部、生产管理部的质量培训费预算,列入人力资源部年度质量培训费预算总额,按财务部规定的相关程序审批。

(3)人力资源部根据审批通过的年度质量培训费预算总额,按照质量管理部、生产管理部的年度培训需要,在质量管理部、生产管理部及人力资源部之间进行分配。

(4)质量培训工作均实行项目管理制。质量培训经理应填写"质量培训项目申报表"详细列支该项培训的费用预算,经批准后实施。

(5)对于实施过程跨年度的培训项目,应分年度预算,并给出说明。

9.3.5.2　质量培训费报销控制

(1)质量培训费的报销工作严格按照公司财务审批流程执行。

(2)质量培训费的使用应遵循"谁主办、谁负责"以及"专款专用"的原则。质量培训经理是培训费用使用的直接责任人,应当确保质量培训费切实用到质量人员、生产人员及质量手册责任人的培训上,在确保合理、合规使用的同时,确保培训效用的最大化。

(3)质量培训费应在年度质量培训费预算范围内支出,以质量培训项目的形式报销。预算外的质量培训费需报总经理或董事长批准。

(4)质量培训费的报销应遵循严格的审批流程,通过财务流程报销后,由财务部出纳人员办理预算额度内的支付业务。

(5)质量培训经理在报销质量培训项目费用时,应如实提供下列报销凭证:①质量培训项目申报表、质量培训项目评估表、质量培训考勤表。②培训合同、培训通知、证明培训项目实施的文本凭证。③符合财务规定的费用凭证。

第10章 煤炭企业安全与环境成本控制

10.1 煤炭企业安全成本控制

根据《中华人民共和国安全生产法》的规定,实施安全生产是煤炭企业必须承担的一项责任,对职工在生产工作中的安全负有保障义务。煤炭企业的从业人员有依法获得安全生产保障的权利。为保证生产所需资金投入,形成煤炭企业安全生产投入的长效机制,煤炭企业应当建立安全生产费用制度和风险抵押金制度。

10.1.1 煤炭安全生产费用提取及使用

10.1.1.1 煤炭安全生产费用的提取

根据财政部会同国家安全生产监督管理总局印发的《高危行业企业安全生产费用财务管理暂行办法》(财企〔2006〕478号)等规定,安全生产费用按照"企业提取、政府监管、确保需要、规范使用"的原则进行财务管理。安全生产费用按月提取,提取标准是,大中型井矿高瓦斯的每吨8~15元,低瓦斯的每吨5元,露天矿每吨不低于3元;小型煤炭生产企业,高瓦斯的不低于10元,低瓦斯的每吨6元。

10.1.1.2 煤炭安全生产费用的使用

煤炭企业提取的安全生产经费应当专户核算,专门用于以下方面:

(1)完善、改造和维护安全防护设备、设施支出。

(2)配备必要的应急救援器材、设备和现场作业人员安全防护物品支出。

(3)安全生产检查与评价支出。

(4)重大危险源、重大事故隐患的评估、整改、监控支出。

(5)安全技能培训、进行应急救援演练支出。

(6)其他与安全生产直接相关的支出。

10.1.1.3 差额处理

安全经费年度结余金额,可结转下年继续使用。当年计提不足的,超出部分按照正常成本费用渠道列支。煤炭企业没有按照规定使用安全经费的,应当承担相应的责任。煤炭企业利用安全经费形成的资产应当纳入相关资产进行处理。

10.1.2 煤炭安全生产费用的核算

煤炭企业应设立"安全生产经费"科目,用以核算安全生产费用的提取、使用及其结余情况。

企业按照规定计提安全生产经费时,借记"管理费用"科目,贷记"安全生产经费"科目;企业按照规定用途使用安全生产经费时,借记"安全生产经费"科目,贷记"银行存款”、“原材料”、“累计折旧”、“应付职工薪酬”等科目。

10.1.3 煤炭企业安全生产风险抵押金管理

10.1.3.1 安全生产风险抵押金存储

根据财政部会同国家安全生产监督管理总局等有关部门印发的《企业安全生产风险抵押金管理暂行办法》(财建〔2006〕369 号)等规定,煤炭企业应当按照以下规定,向省级安全生产监督管理部门及同级财政部门指定的风险抵押金代理银行专户存储安全生产风险抵押金,风险抵押金提取比例规定如下:煤矿企业按照确定的生产能力计提,年产 3 万吨(含)以下存储 60 万 ~100 万元;3 万 ~9 万吨(含)存储 150 万 ~200 万元;9 万 ~15 万吨(含)存储 250 万 ~300 万元;15 万吨以上的,以 300 万元为基数,每增加 10 万吨增加 50 万元,累计达到 600 万元时不再存储。

10.1.3.2 安全生产风险抵押金使用

安全生产风险抵押金应当专门用于为处理本企业生产安全事故而直接发生的抢险、救灾费用支出,以及为处理本企业生产安全事故善后事宜而直接发生的费用支出。专户存储的风险抵押金结转使用,如果当年发生生产安全事故,动用风险抵押金后,企业应当按规定补齐。对于在生产安全事故发生后,企业负责人逃逸,或者企业未在规定时间内主动承担责任的,风险抵押金将被安全生产监督管理部门及同级财政部门转作抢险、救灾和善后处理所需资金。

10.1.4 煤炭安全成本控制

增加安全投入,在初期可能会提高安全成本,但随着安全投入的增加,生产得以正常进行,煤炭产量稳定提高,生产安全事故被有效遏制,安全处理成本就会大幅度降低。如果能够形成良性循环,将会使安全成本整体降低。

10.1.4.1 积极采用新技术,降低安全治理成本

瓦斯是矿井生产中最大的不安全因素。积极推广钻孔法代替巷道法治理瓦斯和解决通风问题,可以减少巷道数量,降低成本费用。一是推进地面钻井抽采瓦斯技术,降低瓦斯治理成本,凡是具备地面抽采条件的应积极使用地面钻井抽采技术;二是积极推广反井钻机施工溜煤眼和通风巷道,降低通风工程成本。

另外,新技术的采用,可以将许多不安全因素防患于未然,保证生产的正常进行,避免安全事故可能造成的停产,减少安全事故发生后的一系列损失。因此,在技术密集程度不高的煤炭采掘中,采用新技术能够产生显著的效果。

10.1.4.2 积极推行煤与共伴生矿产品的联合开采,变不安全因素为可开发资源

煤炭资源的形成经过了漫长的地质年代,在成煤过程中也伴生了大量的其他资源,比较典型的有瓦斯和水,而瓦斯和水都是煤矿生产中的不安全因素。在传统的开采工艺下,对这些不安全因素采取提前释放的办法。由于这些不安全因素被直接排放,不仅没有任何效益,而且对环境造成了巨大的影响。现在,随着人们认识的提高,以及现代科学技术的发展,完全可以将这些资源共同开发。在条件允许的矿井,应按照安全生产技术一体化要求,科学确定保护层工作面;大力推进 Y 型通风沿空留巷、穿层钻孔抽采、煤与瓦斯共

采技术;大力推广水力化快速消突技术,扩大抽采半径,提高瓦斯治理效果,做到治得住、治得快、治得省。对矿井水也不应该采取完全疏干的办法,应实施煤、水共采,既提高了资源的回收率,又充分利用了现有的生产系统,降低了资源开发成本费用。

10.2　煤炭企业环境成本控制

随着环境科学的发现与全球环境的日益恶化,我国政府早在1994年发表的“环境与发展”白皮书中提出:要有效利用经济手段和市场机制,将环境成本纳入各项经济分析和决策过程,改变过去无偿使用环境并将环境成本转嫁给社会的做法。

尽管人们都已经认识到加强环境费用(也称环境成本)管理的意义,但对于什么是环境成本的认识仍存在分歧。目前,比较权威的观点是联合原则,即为管理企业活动对环境造成影响而采取或被要求采取的措施的成本,以及因企业执行环境目标和要求所付出的其他成本。

煤炭企业废弃物排放过程产生煤炭环境成本。环境容量是指自然环境或者环境要素对污染物质的最大负荷,这种负荷以人和生物能适应、忍受和不发生危害为限度。超过限度就影响到周边环境质量,这部分煤炭环境成本产生的原因在于煤炭开采者向周边环境排放废弃物并为废弃物处理支付的代价。煤炭开采企业在生产和消费过程中产生大量废弃物并向周边环境排放,当排放的废弃物超过环境容量的有限能力时,就会出现环境污染问题。煤炭生产活动相对于其他行业来讲,对生态环境的影响更直接、更深入,一方面,煤炭企业生产的过程,同时又是资源枯竭、环境改变和破坏的过程,随着煤炭开采工作的持续,煤炭的可采储量逐年变少,地表塌陷区不断扩大,煤炭的伴生物堆积如山,大量的耕地被占用破坏,废水、废气、废渣的排放污染空气和周边环境,煤炭生产所造成的环境资源消耗和生态环境破坏在很大程度上是很难通过自然环境的自然净化和人类对环境的补偿恢复的。另一方面,环境与环境资源是煤炭企业生存和发展的前提条件,环境的恶化和资源的枯竭,也就意味着生产活动的终结。煤炭企业的行业特征决定了煤炭企业的环境问题更加突出,支付的环境治理费用更大,并且给社会经济和区域经济的发展带来更为巨大的环境负荷和环境压力,从而决定了煤炭环境成本与其他行业相比,其构成内容更广泛,数量更多。

10.2.1　煤炭企业环境成本分类

煤炭资源开发必然会对矿区环境造成影响,而且这些影响具有累积效应。为此,必须将环境保护与资源开发利用结合起来,在开发煤炭资源的同时,增加环境保护和治理费用,避免环境突变造成更大的环境损失。

煤炭企业对环境的影响主要表现在改善与损害两方面。其判断标准是企业活动中所产生的环境负荷的减少与增加。据此,将成本按环保效果可分为以下六类:

(1)降低污染物排放的成本。这是企业在减少向环境排放污水、废气、固定废弃物等发生的费用。污染物的排放超标,将有可能引起公害事件和造成地球温室效应上升、臭氧层破坏及自然景观的腐蚀现象,严重影响人类身体健康和生物多样化的毁灭,很显然这是当今首要的环境保护任务。故在这一类费用内容中,包括为防止或减少大气、水质、土壤污染和降低工业噪声、振动、地基沉降等公害的费用和为降低对地球环境破坏(如温室效应、臭氧层破坏、自然景观损害)的费用。诸如,在生产过程末端投资建立污染物集中治理工程的投资额、运营费用和在各车间、部门安装环保装置的有关费用,或者采用新一代氟利昂有毒化学物质材料等的工艺调整、设备更新等方面的支出。

(2)废弃物回收、再利用及处置成本。它包括资源循环费用和废弃物回收、处置费用。前者是指为提高资源的利用效率、减少废弃物的比重而实施的循环使用、能源余热二次利用等所发生的费用,其目的在于节约自然资源的耗用量;后者是指对企业产品经使用和消费后及容器包装、企业生产过程中产生的废弃物等进行回收、再利用和处置所发生的费用,其目的是对废弃物减量化、无害化和再资源化处理,以保护环境。这部分环境费用的发生主要是在企业产品生产的下游环节,即销售和回收利用阶段。

(3)绿色采购成本。它是在企业的采购环节为购入环境负荷含量低的原材料、燃料、零部件及商品而发生的追加差额费用。这部分环境费用主要采用差额确认的方式。具体来说,绿色采购的对象是环保材料、清洁能源、环保商品及有环保功能的其他物品,它们在企业的生产销售及回收再利用过程中具有环境污染程度低、易降解或解体、重复利用率高的特点,更有利于企业对环境的保护。

(4)环境管理成本。这部分环境费用是企业在从事环境保护的管理活动中所发生的成本。这里的环境管理活动包括环保活动组织和环保研究开发。其费用内容包括:对公司职员进行环境教育的费用;环境管理机构的构筑、运作及环境认证的费用;对环境负荷的监探、记录的费用;环境保护产品的研究开发费用;在企业生产经营的物流阶段、制造阶段、销售阶段和废弃物回收利用阶段,为降低和控制环境负荷的研究开发和方案设计费用。

(5)环境保护的社会活动成本。它是企业对所在区域的社会环境保护活动的支援费用,包括对企业范围内外的绿化、美化和景观改善费用、对区域环保活动的赞助费用、环境广告费用、参与环保机构或团体举行的环境保护活动的费用等内容。

(6)环境损失成本。它是由于企业自身的原因而对环境造成损害所发生的费用,包括对土地污染、自然破坏的修复费用、环境事故或公害的赔偿金和罚金、各种排污费、环保案件的诉讼费和罚款等方面的支出。

10.2.2　煤炭企业环境成本的控制

10.2.2.1　加强矿区环境质量监测,为环境保护提供可靠的依据

矿区环境是一个复杂的大系统,煤炭资源开发对这一系统的影响应采取系统的监测手段,包括宏观层面的遥感技术,以及中观层面的区域调研,还包括微观层面的监测站序时检测。因此,矿区应该建立起立体的环境质量监测体系,及时了解和把握矿区环境的演变,选择最佳的时机进行治理。

环境治理已经属于事后的补偿,这种补偿一般要大于开始的合理保护,因此在开采区域设计、开采工艺选择、生产组织等方面都应考虑到环境保护的理念,避免先开发后治理的历史悲剧。

10.2.2.2　**完善环境成本核算体系,客观反映煤炭开发的环境成本**

从不同的角度出发,对煤炭开发的环境成本有不同的提法。因此,完善并形成系统的环境成本核算体系非常必要。

从目前来看,关于成本核算主要集中在破坏环境的治理补偿上。但实际上,随着人们环保意识的提高,环境保护的过程在前移,环境成本的发生也在前移。因此,针对煤炭企业的特点,规范环境成本核算范围、核算方法已是当务之急。另外,环境要素之间是相互影响的,这就要求对环境的保护和治理不能仅仅针对某一要素,要统筹兼顾。这样才能避免无效投资,从整体上节约费用。

10.2.2.3　**加强环境成本控制**

环境保护项目经费控制是煤炭企业用于环境保护方面的支出。由于其环境保护项目来源于不同策划主体(政府、社会民众、企业),所以环保项目和环保经费的性质也有所不同。

(1)法定环保项目及其经费控制。法定环保项目是政府以法定形式规定化了的企业必须开展的环保项目。法定环保项目的固定资产投资由企业筹措,环保项目形成的固定资产,纳入企业固定资产范畴进行统一管理,环保项目实际运行中所需要的费用,根据规定在企业成本费用中列支。

需要指出的是,法定环保项目的资金可能来源于国家的政策贷款,这就需要对国家的专项贷款实行专款专用控制。企业在环保项目建成后,需要按照工程预决算管理,形成固定资产原值,并纳入固定资产管理。环保项目贷款的归还,要按照国家有关规定执行。

(2)自发环保项目及其经费控制。自发环保项目是指没有法律条文规定,由企业自发开展并自主决定标准的企业环境保护项目。例如,企业对厂区实施的花园式绿化建设工程。由于这部分费用的决策权完全由企业决定,故其可控性较强。

(3)环保经费预算控制。对于已经决策的环境保护项目,要实行经费预算控制。项目费用预算通常采用零基预算的编制方法。由于零基预算在编制中不受传统预算及预算执行结果的影响,以"零"为起点,观察和分析环保活动的人力、物力、财力的消耗,从而在科学规划和精细计算的基础上,确定出保证必要质量标准的费用支出预算,这既可以避免预算支出浪费的情况,又可以杜绝以降低环保质量水平为代价,而片面"完成"环境保护项目的错误行为的发生。

(4)清洁生产经费控制。清洁生产是指将废弃物减量化、资源化、无害化的文明生产活动。遵循清洁生产方针就是要解决以下三个问题:①使资源和能源的利用合理化;②使经济效益最大化;③对人类和环境的危害最小化。

要解决以上三个问题,就需要做好两方面的工作:一是降低资源消耗;二是减少排污,提高回收利用率。降低资源消耗就要与相关措施的投资和成本联系起来,减排和提高回收利用率也要与相关措施的投资和费用联系起来,因此清洁生产项目也需要进行经费筹措和严格的经费控制。相关经费支出,可以列入相关资产成本或当期费用。财务管理所发挥的作用主要包括清洁生产方案的环境成本与效益的分析、评价、决策以及控制、考核等。

第 11 章　煤炭企业成本考核

11.1　成本考核的意义

成本考核是指将报告期的实际成本与计划成本、预算成本或定额成本进行比较，确定成本的实际完成程度，以此来衡量成本管理工作的成绩及履行其应负的经济责任的情况，它是成本管理工作的一个重要环节，是实现成本决策的重要手段。企业的成本预测、成本计划、成本控制等各项工作做得如何，最终要通过成本考核加以评价和总结。只有通过认真的考核，使成本管理中存在的问题得到克服，使经验得到发扬，才能推动企业的成本管理工作持续不断地向深度和广度发展。总之，正确地进行成本考核，有利于鼓励先进，鞭策落后，促使企业加强成本管理，努力降低产品成本，提高经济效益。

成本考核通常是按车间、部门、班组进行的。将车间、部门和班组的实际成本或责任成本与其预算成本或责任成本预算比较，计算其差异，并分析产生差异的具体原因。若是实际数大于预算数，称为"不利差异"，表示成本超支；若是实际数小于预算数，称为"有利差异"，表示成本节约。成本考核的结果要与企业的奖惩挂钩，体现责权利相结合的原则。

11.2　成本考核制度

进行考核是推动控制成本系统正常运行的重要手段，不考核成本控制将流于形式。考核要透明，不允许暗箱操作。

考核制度的主要内容如下：

(1) 规定各成本中心和成本点的控制成本目标，要量化职责，量化指标，量化数字，量化时间，量化奖惩。

(2) 规定业绩考核标准的计量方法。

(3) 规定采用的预算标准。

(4) 规定业绩报告的时间、内容等。考核指标越多越好，越细越好。

(5) 考核方法要具可操作性，考核结果要量化。

11.3　成本考核原则

企业进行成本考核，目的是提高员工的成本控制意识，实现成本控制目标，促进企业的发展。企业进行成本考核应遵循 5 个原则，如表 11-1 所示。

表 11-1　成本考核原则

考核原则	说明
全员参与	上下级深入沟通、各部门相互协作，全员参与、全员负责
公开、公正	成本考核指标的制定和成本考核应严格遵守相关标准和程序，确保考核结果的公开、公正
及时反馈	每一级考核者及时将考核结果反馈给被考核者，肯定其成绩和进步，说明不足之处，指明改进方向，帮助被考核者寻找有效改进业绩的方法
简单、直观	考核贯彻简单、直观、便于理解和操作的原则
系统设计、分步实施	第一步：引入成本考核理念、分解绩效考核指标、构建指标目标体系、搭建能力展示平台、实施有效考核、找准工作定位、提升考核水平。 第二步：考核结果与薪酬分配、人员动态管理、培训开发、职业生涯规划等方面有机结合，形成以业绩和技能为导向的激励机制。 第三步：通过实施成本考核，实现企业组织机构优化和工作流程再造，增加企业核心竞争力

11.4　成本考核的步骤

11.4.1　获取考核信息

考核者对任何部门进行考核时，都必须事先收集相关的资料，作为考核的依据。

11.4.2　设定考核的间隔时间

设定考核的间隔时间对考核操作过程来说不可或缺。考核的间隔时间因考核目的、考核对象的不同也应有所不同。

11.4.3　选择考核方法

企业进行考核时，应根据各部门的情况选择具体的方法：

(1)上级考核。上级考核是指由被考核者的上级部门对下一级部门进行考核，上级部门有机会与下级部门更好地沟通，了解下级的想法，发掘下级的潜力。但该法易于形成单向沟通，有时不能保证公平、公正，会挫伤下级的积极性。

(2)自我考核。自我考核能够增强员工的参与意识，但有时会把自己的绩效高估。所以，自我考核只适用于协助员工进行自我改善。

11.4.4　制订成本改进计划

成本考核后，对被考核者进行考核意见的反馈是很重要的，因为进行成本考核的一个主要目的就是改善成本管理和控制。所以，管理人员和员工应合力安排成本改进计划。

11.4.5　根据考核结果进行奖惩

企业应根据考核结果,按照相关奖惩办法对各部门和人员进行奖惩。

11.5　成本考核的方法

11.5.1　目标管理法

目标管理法的评价标准直接反映员工的工作内容,客观、准确,便于反馈和辅导,同时使员工工作积极性大大提高,增强了责任心和事业心。其操作步骤如下:

(1)建立一套完整的目标体系。这项工作是从企业的最高主管部门开始,然后由上而下地逐级确定目标。上下级的目标之间通常是一种目的与手段的关系:某一级的目标,需要用一定的手段来实现,这些手段就成为下一级的次目标,按级顺推下去,直到作业层的作业目标,从而构成一种锁链式的目标体系。

(2)制定目标。制定的目标应当采取协商的方式,要鼓励下级管理人员根据基本方针拟订自己的目标,然后由上级领导批准。

(3)组织实施。完成目标主要靠执行者的自我控制。上级领导进行相应的指导、协助。

(4)检查与评价。对各级目标的完成情况,要事先规定期限,定期检查,可以灵活采用自检、互检和责成专门的部门进行检查等方法。检查的依据就是事先确定的目标。对于最终结果,应当根据目标进行评价,并根据评价结果进行奖罚。

目标管理法不仅是一种成本考核方法,还具有一种强制性,要求目标的达成必须是员工的技术、知识和态度综合作用的结果。

11.5.2　绩效标准法

绩效标准法适用于非管理岗位员工,它的指标具体、明确、合理,有各种约束限制,考核标准详细、具体,能为被考核者提供明确、清晰的努力方向。

11.5.3　直接指标法

直接指标法是指采用可监测、可核算的指标构成若干考核要素,对员工的表现进行考核的方法。

11.6　成本考核指标

企业在进行成本费用考核时,可以通过目标成本费用节约额、目标成本费用节约率等指标和方法,综合考核责任中心成本费用预算或开支标准的执行情况,合理进行业绩评价。以上成本费用分析中所采用的成本费用降低额、成本费用降低率即是目标成本费用节约额和目标成本费用节约率。此外,还可以通过计算一系列成本费用效果指标对成本费用内部控制的业绩进行评价与考核。

成本费用反映了一定时期产品在生产过程中的物化劳动和活劳动的总耗费，这些“所费”是否“所得”，需要分析考核成本费用的经济效果。经济效果是劳动消耗与其成果的比较，即要以最小的消耗取得最大的效果。产品成本费用的经济效果包括生产成果、销售成果和财务成果，与之对应的考核指标有产值成本费用率、销售成本费用率和成本费用利润率。

11.6.1　产值成本费用率

产值成本费用率是产品成本费用与工业总产值的比率，反映一定时期内生产耗费与生产成果的关系。产值成本费用率的计算公式如下：

$$产值成本费用率=\frac{产品成本费用}{工业总产值}\times 100\%$$

在分析考核该项指标时，产品成本费用越低，工业总产值越高，产值成本费用率便会越小，表示经济效果越好；反之，产值成本费用率越大，则表示经济效果越差。因此，分析产值成本费用率的变动情况，能全面地评价成本费用计划的完成情况，有利于促使企业努力降低成本费用，提高经济效益。

例如，某企业上年总产值 100 万元，上年产品成本费用 80 万元，即上年产值成本费用率为 80%；今年实际完成总产值 110 万元，实际总成本费用 82.5 万元，即实际产值成本费用率为 75%，比上年产值成本费用率降低 5%。现分析如下：

(1)产值成本费用率降低原因分析。如上所述，产值增加和成本费用减少是使产值成本费用率下降的有利因素；反之，产值减少和成本费用增加则会使产值成本费用率上升。

由于产值增加，使产值成本费用率下降：(上年成本费用 ÷ 实际产值) ×100% -(上年成本费用 ÷ 上年产值) ×100%。

由于成本费用增加，使产值成本费用率上升：实际成本费用 ÷ 实际产值 ×100% - 上年成本费用 ÷ 实际产值 ×100%。

(2)产值成本费用率降低的效果分析。产值成本费用率降低，经济效果就好，包括两方面的理解：其一，产值相等的情况下，产值成本费用率降低，可以增加成本费用降低额；其二，在成本费用支出相等的情况下，产值成本费用率降低，可以增加工业总产值。

如本例中，由于产值成本费用率降低而增加的成本费用降低额 = 实际总产值 ×(实际产值成本费用率 - 上年产值成本费用率) = 110 ×(75% - 80%) = 110 ×(-5%) = -5.5(万元)。

或者，由于产值成本费用率降低而增加的工业总产值 = 实际总产值 -(实际总成本费用 ÷ 上年产值成本费用率) = 110 -(82.5 ÷ 80%) = 110 - 103.125 = 6.875(万元)。

11.6.2　销售成本费用率

销售成本费用率是产品销售成本费用与产品销售收入的比率，它反映一定时期内销售产品成本与销售成果的关系，其计算公式为：

$$\text{销售成本费用率}=\frac{\text{产品销售成本费用}}{\text{产品销售收入}}\times 100\%$$

因为产品销售收入扣除产品成本即为积累(包括利润与税金),在分析考核时,销售成本费用率越低,意味着销售积累率越高。两者的关系式如下:

$$\text{销售积累率}=1-\text{销售成本费用率}$$

销售成本费用率越低,销售积累率越高,即经济效果越好,反之,经济效果越差。

分析销售成本费用率包括分析销售成本费用率本身变动原因和分析销售成本费用率变动对经济效果的影响两方面的内容,其分析方法与分析产值成本率的方法基本相同。

11.6.3　成本费用利润率

成本费用利润率是产品销售成本(费用)与产品销售利润的比率,反映产品在生产经营过程中耗费与财务成果的关系。该指标除作为利润分析的主要指标外,还可作为成本效益分析的辅助指标,用以全面说明企业成本费用管理工作状况。将该指标与销售成本(费用)率联系起来分析,可以清楚地表明加强成本费用管理与提高经济效益的辩证关系。

其计算分析式如下:

$$\frac{\text{产品销售成本(费用)}}{\text{产品销售收入}}\times\frac{\text{产品销售利润}}{\text{产品销售成本(费用)}}\times 100\%=\frac{\text{产品销售利润}}{\text{产品销售收入}}\times 100\%$$

$$\text{销售成本(费用)率}\times\text{成本费用利润率}=\text{销售利润率}$$

11.7　责任成本预算的考核

用责任成本的形式对成本进行考核,是为了落实经济责任制,使各级成本管理人员的成本目标明确。责任成本是指按照"谁负责,谁承担"的原则进行核算的。责任中心的责任成本是由其可以直接控制并调节的"可控成本"所组成。责任成本与产品成本不同:①责任成本按照责任中心归集,产品成本是按产品归集;②责任成本的核算对象是责任成本单位,产品成本的核算对象是产品品种;③责任成本核算的目的是为了与车间、部门、班组的经济责任挂钩,以此对这些部门的工作进行考核,而产品成本核算是为了计算利润、定价;④责任成本主要由可控成本组成,而产品成本则由产品耗费组成。

11.7.1　责任成本的计算

责任成本是以具体的责任单位(如车间、部门、班组或个人)为对象,以其承担的责任为范围所归集的成本,也就是特定责任中心的全部可控成本。可控成本是指在特定时期内、特定责任中心能够直接控制其发生的成本。可控成本必须具备的条件:①责任单位有办法知道它将有什么耗费;②责任单位有办法计量它的耗费;③责任单位有办法控制和调节它的耗费,否则,为不可控成本。某责任单位的各项可控成本之和,即为该责任单位的责任成本。

在责任会计制度下,计划期开始前要编制责任预算,将最高层次的责任成本预算逐级向下分解,形成各层次(责任单位)的责任成本预算。计划期末各责任单位应编制责任成本的实际报告,责任成本的实际报告数是从最基层开始逐级向上汇总,形成各层次的责任成本报告。责任成本的计算过程如下:

班组责任成本=可控直接材料成本+可控直接人工成本+可控制造费用成本

车间责任成本=各班组责任成本之和+车间的可控间接费用成本

工厂责任成本=各车间责任成本之和+工厂的可控间接费用成本

班组责任成本由班组长负责,按月编制本班组的责任成本报告上交车间主任。班组责任成本要汇总本班组所属各工序的责任成本;车间责任成本由车间主任负责,按月编制本车间的责任成本报告上交工厂厂长,车间责任成本要汇总所属各班组的责任成本,再加上属于本车间的可控间接费用成本;工厂责任成本由工厂厂长负责,每月编制一份全厂的责任成本报告,工厂责任成本要汇总全厂所属各车间的责任成本,再加上工厂的可控间接费用成本。

11.7.2　责任成本考核

责任成本考核是指将责任成本实际数与预算数进行比较,分析产生差异的具体原因,并以其成本管理的好坏作为评价与考核的依据。故此,要求每个责任成本单位在计划开始前要编制责任成本预算,期末编制责任成本报告,在各责任单位的成本报告中要列示实际数、预算数和成本差异数。责任成本考核表的格式如表11-2所示。

表11-2　责任成本考核　(单位:元)

成本中心	成本项目	预算数	实际数	成本差异
一班组	直接材料	4 000	4 100	-100
	直接人工	3 600	3 550	50
	制造费用	2 000	1 960	40
	合计	9 600	9 610	-10
二班组	直接材料	5 000	4 980	20
	直接人工	4 200	4 210	-10
	制造费用	3 800	3 700	100
	合计	13 000	12 890	110
第一车间责任成本	一班组责任成本	9 600	9 610	-10
	二班组责任成本	13 000	12 890	110
	第一车间的可控成本	7 400	7 200	200
	合计	30 000	29 700	300
工厂责任成本	第一车间责任成本	30 000	29 700	300
	第二车间责任成本	50 000	50 700	-700
	工厂的可控成本	10 000	11 000	-1 000
	合计	90 000	91 400	-1 400

参考文献

[1] 徐政旦,石人瑾,林宝瓌.成本会计[M].上海:上海三联书店,2002.
[2] 李定安,孟祥霞.成本会计研究[M].北京:经济科学出版社,2002.
[3] 余绪缨.管理会计学[M].北京:中国人民大学出版社,1999.
[4] 赵权.企业成本控制技术[M].广州:广东经济出版社,2003.
[5] 樊行健.成本费用内部控制[M].大连:大连出版社,2010.
[6] 王生交,王振华.成本会计[M].大连:东北财经大学出版社,2010.
[7] 王德敏.成本费用控制精细化管理[M].北京:人民邮电出版社,2009.
[8] 梁国明.控制与降低成本方法[M].北京:中国标准出版社,2009.
[9] 小哈里·菲吉[美],降低成本指南[M].姜云龙,译.上海:上海人民出版社,1995.
[10] 余源鹏.房地产开发企业财务管理与成本控制管理实务[M].北京:机械工业出版社,2010.
[11] 赵海龙.煤炭企业成本构成及其控制研究[M].北京:中国财政经济出版社,2010.
[12] 杜晓荣,陆庆春,张颖.成本控制与管理[M].北京:清华大学、北京交通大学出版社,2011.
[13] 高立法,曹云虎,殷子谦.现代企业成本控制实务[M].北京:经济管理出版社,2008.
[14] 李定安,孟祥霞.成本会计研究[M].北京:经济科学出版社,2002.
[15] 影响力中央研究院教材专家组.向成本宣战[M].北京:电子工业出版社,2009.
[16] 刘世伟.河南煤炭经济和谐发展战略构思[M].郑州:黄河水利出版社,2010.
[17] 希克斯[美],陈工孟,王霞,高宁.作业成本会计在中小企业中的实施方案[M].上海:上海人民出版社,2002.
[18] 布洛切[美],李苹莉,刘全雷.成本管理:经营控制与管理控制[M].北京:华夏出版社,2002.
[19] 欧阳清.会计大典第四卷——成本会计[M].北京:中国财政经济出版社,2002.
[20] 于富生,王俊生,黎文珠.成本会计学[M].北京:中国人民大学出版社,2002.
[21] 李安定.成本管理研究[M].北京:经济科学出版社,2002.
[22] 程明娥.成本会计[M].北京:清华大学出版社,2009.
[23] 柯琼.成本会计[M].武汉:华中科技大学出版社,2009.
[24] 陈云.成本会计学[M].上海:立信会计出版社,2009.
[25] 米切尔·马赫[美].成本会计[M].姚海鑫等译.北京:机械工业出版社,1999.
[26] 詹姆斯.M.雷夫.成本管理研究[M].大连:东北财经大学出版社,1998.
[27] 贺南轩.成本会计学[M].北京:中国财政经济出版社,1995.
[28] 姚树人.成本问题研究[M].北京:文津出版社.1991.
[29] 刘世伟.河南煤炭经济研究(四)[M].郑州:黄河水利出版社,2009.
[30] 乐艳芬.成本会计[M].上海:上海财经大学出版社,2008.
[31] 孙明哲.谈煤矿安全成本管理的几个问题[J].商业经济,2008(8).
[32] 段矿生.煤炭企业成本管理的转变方向[J].山西煤炭管理干部学院学报,2005(4).
[33] 幸有文.试论煤炭企业成本管理与技术管理的结合[J].煤矿开采,2007(3).
[34] 闫海英.现代科学化的煤矿安全管理模式[J].矿业安全与环保,2009(36).
[35] 傅贵.我国企业事故预防策略的分析与改进[J].煤炭科学技术,2009(37).
[36] 张志杰.矿山安全与成本的研究[J].技术安全,2009(10).
[37] 姚庆国.论安全成本与安全成本的核算[J].山东科学,2007(4).
[38] 毛亚军.煤炭企业如何构造核心竞争力[J].煤炭企业管理,2006(12).
[39] 白金驻.煤炭企业安全之塑造[J].煤炭企业管理,2007(2).

[40] 李堂军,郭新秀.煤炭企业安全成本发展的几种情形[J].经济论坛,2007(6).
[41] 李红梅.煤炭企业成本安全问题研究[J].矿业与安全,2007(6).
[42] 王伟,麦强盛.企业成本控制实务[M].广州:广东经济出版社,2003.
[43] 焦跃华.现代企业成本控制战略研究[M].北京:经济科学出版社,2001.
[44] 张涛.管理成本会计[M].北京:经济科学出版社,2001.
[45] 刘恩,陈琳.企业财务成本控制技术[M].北京:经济科学出版社,2003.
[46] 陈仁栋.人力资源管理会计[M].上海:上海翻译出版公司,1986.
[47] 谌新民.人力资源会计[M].广州:广东经济出版社,2002.
[48] 龚益鸣.质量管理学[M].上海:复旦大学出版社,2000.
[49] 董辉.谈企业的成本预测分析[J].辽宁经济,2004(2).
[50] 阎达五,龙涛.责任会计的理论与实践[M].北京:经济科学出版社,1987.
[51] 贺南轩,林钢.责任会计学[M].沈阳:辽宁科学技术出版社,1991.
[52] 阎达五.价值链会计研究——回顾和展望[J].会计研究,2004(2).
[53] 肖序.环境成本论[M].北京:中国财政经济出版社,2002.
[54] 王立杰.煤炭资源经济评价的理论与方法研究[M].北京:煤炭工业出版社,1996.
[55] 郭复初.国有资本经营专论[M].上海:立信会计出版社,2002.
[56] 范维唐,卢鉴章,申宝宏.煤矿灾害防治技术与对策[M].徐州:中国矿业大学出版社,2007.